太阳能压缩式热泵经济性评价

王洪利　田景瑞　张 磊　等著

北　京
冶 金 工 业 出 版 社
2016

内 容 提 要

本书以太阳能压缩式热泵系统为研究对象，采用理论分析和模糊评判方法，分别对太阳能压缩式热泵系统和几种用能系统进行了研究，旨在寻求最优用能方案。基于给定的用能面积，分别进行了冷热负荷计算，确定了太阳能压缩式热泵系统组成；选取了几种传统的用能方案，进行了系统设计和设备选型；利用模糊数学理论，分别对太阳能压缩式热泵系统安全运行和经济性进行了模糊评判，得到了影响热泵安全因素和经济性的权重因子；对于给定的用能面积，分别从设备初投资、年运行费用、年维护费用和投资回收期等方面，对太阳能压缩式热泵系统和其他几种用能方案进行了对比分析。

本书可供从事制冷和热泵产品设计、生产及运行的工程技术人员使用，也可供高等工科院校制冷、低温等专业本科生和研究生教学使用，同时还可供相关专业高校教师和从事能源与节能工作的科技人员参考。

图书在版编目(CIP)数据

太阳能压缩式热泵经济性评价/王洪利等著．—北京：冶金工业出版社，2016.4

ISBN 978-7-5024-7182-8

Ⅰ.①太…　Ⅱ.①王…　Ⅲ.①太阳能—热泵—经济评价　Ⅳ.①TK515

中国版本图书馆 CIP 数据核字（2016）第 048039 号

出 版 人　谭学余
地　　址　北京市东城区嵩祝院北巷 39 号　邮编　100009　电话　(010)64027926
网　　址　www.cnmip.com.cn　电子信箱　yjcbs@cnmip.com.cn
责任编辑　常国平　美术编辑　彭子赫　版式设计　孙跃红
责任校对　禹　蕊　责任印制　李玉山
ISBN 978-7-5024-7182-8
冶金工业出版社出版发行；各地新华书店经销；三河市双峰印刷装订有限公司印刷
2016 年 4 月第 1 版，2016 年 4 月第 1 次印刷
169mm×239mm；10.75 印张；210 千字；162 页

38.00 元

冶金工业出版社　投稿电话　(010)64027932　投稿信箱　tougao@cnmip.com.cn
冶金工业出版社营销中心　电话　(010)64044283　传真　(010)64027893
冶金书店　地址　北京市东四西大街 46 号(100010)　电话　(010)65289081(兼传真)
冶金工业出版社天猫旗舰店　yjgycbs.tmall.com

前　言

目前，能源短缺和环境污染已经成为制约人类社会高速发展的主要问题。酸雨、植被破坏、温室效应、臭氧层空洞、海洋污染等诸多生态环境问题已经成为全球关注的焦点。“我们不要过分陶醉于我们对自然界的胜利。对于每一次这样的胜利，自然界都报复了我们”。“我们不只是继承了父辈的地球，而是借用了儿孙的地球”。为推动经济、社会和环境的友好发展，节能和环保已经成为21世纪全球共同关注的首要问题。

随着人民生活水平的不断提高，人们已经由过去满足温饱问题转变为对生活舒适度的追求。传统的北方冬季供暖，南方夏季制冷，到现在北方冬季不仅供暖，夏季还要制冷，南方夏季不仅制冷，冬季还要供暖。在社会总能耗中建筑能耗所占的比重正在逐年增加。建筑能耗主要包括家用电器、建筑的制冷与供暖等，所占比重已经达到社会总能耗的三分之一，所以对降低建筑能耗问题的研究潜力巨大。传统小容量锅炉供暖形式以及现在的集中供热形式普遍存在热效率低、污染严重等问题，只是集中供热形式的弊端往往被人们忽视。未来用能形式究竟采用哪种方案更加科学、合理，这也是广大能源工作者一直研究和探讨的问题。

太阳能属于一种可再生的清洁能源，分布广、储量大，同时具有很强的季节性和地域性。太阳能直接加热热水用于生活所用或冬季供暖，产生的热水波动很大，遇到极冷低温或阴雨天气甚至不能利用。热泵属于一种逆向循环，其效率较高，尤其在小温差下的效率更高。但极端天气对热泵影响很大。其中，空气源热泵在冬季极低温度时制热效果很差甚至不能工作。综合太阳能和热泵特点，可以将热泵和太阳能热水系统联合应用，将太阳能储热水箱中回收的热量经热泵加热用于冬季供暖，进而提高联合系统的效率。

本书以太阳能压缩式热泵系统为研究对象，采用理论分析和模糊评判方法，分别对太阳能压缩式热泵系统和几种用能系统进行了研究，旨在寻求最优用能方案。基于给定的用能面积，分别进行了冷热负荷计算，确定了太阳能压缩式热泵系统组成；选取了几种传统的用能方案，进行了系统设计和设备选型；利用模糊数学理论，分别对太阳能压缩式热泵系统的安全运行和经济性进行了模糊评判，得到了影响热泵安全因素和经济性的权重因子；对于给定的用能面积，分别从设备初投资、年运行费用、年维护费用和投资回收期等方面，对太阳能压缩式热泵系统和其他几种用能方案进行了对比分析。

本书由路聪莎、杜远航负责撰写第 1 章，贾宁、唐琦龙负责撰写第 2、3 章，田景瑞负责撰写第 4 章，张磊负责撰写第 5 章，王洪利负责撰写第 6、7 章。刘馨、张率华负责资料整理工作。王洪利负责全书统稿工作。

本书的出版得到了华北理工大学现代冶金技术省重点实验室和河北省自然科学基金项目（E2015209239）的资助。感谢所有为本书研究提供文献的国内外作者。

信息时代数据更新很快，如煤炭价格、电价和人工费用等因素波动较快，维修费用也会因使用情况有所不同，书中用能方案对比分析结果可能会与实际存在偏差。但本书介绍的计算方法以及从几种用能方案对比分析中获得的规律，可用于指导生产。

由于作者水平所限，书中难免存在不妥之处，敬请广大读者批评指正。

作 者

2015 年秋于华北理工大学

目　录

1 绪　　论

1.1 研究背景

能源和环境问题是当今社会发展所面临的两大难题，酸雨、植被破坏、温室效应、臭氧层空洞、海洋污染等诸多生态环境问题已经成为全球关注的焦点。为推动经济、社会和环境的友好发展，节能和环保已经成为21世纪全球共同关注的首要问题[1]。人们在积极开展节能降耗的同时，已把能源利用的重点转移到可再生能源的开发和利用上来。

我国拥有储量丰富的一次能源，占世界总储量的4%。能源探明总储量的结构为：原煤89.3%，原油3.5%，天然气1.3%，水能5.9%。能源剩余储量结构为：原煤58.8%，原油3.4%，天然气1.3%，水36.5%[2]。但是我国煤等化石燃料所占的比重很大，能源结构很不合理，虽然近年来煤炭在总能源中的比重正在逐渐下降，但由于我国对能源的需求逐年递增，煤炭消耗的总量仍会不断增加[3]。除煤炭资源外，石油是我国另一个迫切需要解决的问题，虽然我国已经探明的石油储量居世界第十位为38亿吨，但是由于我国经济发展趋势的不断快速上升，现有的石油储量已经不能满足我国经济的发展需求。因此，我国石油供应的短缺量还是需要依赖进口，受国际石油市场牵制很大，可能导致能源安全问题。我国上述的能源结构已经对自然环境造成了巨大的破坏，煤炭的大量开发和利用，对环境最明显的影响就是排放大量的污染气体，如SO_2、NO_x，这是形成酸雨的主要因素；另外，向环境中排放大量的CO_2也是导致全球气候变暖的主要原因。

虽然我国自然资源储量丰富，但是由于我国人口基数大，人均资源占有量较世界人均水平低50%。预计到2030年我国能源短缺量达到2.5亿吨标准煤，到2050年约为4.6亿吨标准煤，将占世界煤炭消费总量的一半以上[4]。我国国内对石油需求的保证有40%的缺口，按照目前的发展趋势，预计到2020年我国石油进口量将达到2.5亿吨，对进口石油的依赖程度达到60%[5]。太阳能作为一种绿色、可持续利用的清洁能源，其开发和利用得到了国际社会的普遍重视。

制冷空调行业因其本身耗能加之传统制冷剂对环境的破坏，促使节能和制冷剂替代问题成为该领域的前沿课题。国内外专家学者和科技人员对相关问题的关注越来越多，同时，国内外资金项目也加大了对该领域前沿性和创新性研究的资助力度。

1.1.1 环境保护和可持续发展

在人类社会高速发展的今天，全球范围内的能源和环境问题显得更加重要和迫切。人类在享受丰富物质生活的同时，也对环境造成了很大破坏。正如恩格斯在《自然辩证法》[6]中所说："我们不要过分陶醉于我们对自然界的胜利。对于每一次这样的胜利，自然界都报复了我们。"人类在享受生产力巨大发展所带来的丰厚回报的同时，也遭到自然界的无情报复。1962 年，Rachel Carson 的《寂静的春天》，揭开了人与自然共同生存问题的思考[7]；1972 年 3 月，罗马俱乐部发表的《增长的极限》研究报告，深入分析了人与自然之间的关系，指出自然资源是有限的，人类必须自觉地抑制增长，否则将使人类社会陷入崩溃[8]。"我们不只是继承了父辈的地球，而是借用了儿孙的地球"——这句话寓意深刻，《联合国环境方案》曾用这句话来告诫世人。1972 年 6 月，在瑞典斯德哥尔摩召开的联合国人类环境会议（United Nations Conference on the Human Environment）是世界环境保护运动史上一个重要的里程碑。它是国际社会就环境问题召开的第一次世界性会议，标志着全人类对环境问题的觉醒。1972 年出版的《只有一个地球》[9]一书为可持续发展观奠定了理论基础；1981 年，美国学者布朗在《建设一个可持续发展的社会》的著作中首次使用并阐述了"可持续发展"的新观点[10]；1987 年，联合国环境与发展大会（UNCED）的报告《我们共同的未来》对可持续发展进行了明确定义。

1992 年联合国环境与发展大会（UNCED）通过了《21 世纪议程》报告，并最终促进了 1997 年《京都议定书》的签订[11]。中国政府于 1994 年 3 月通过了《中国 21 世纪议程》，其战略目标确定为"建立可持续发展的经济体系、社会体系和保持与之相适应的可持续利用资源和环境基础"。

1.1.2 臭氧层破坏和温室效应

常规制冷剂对环境的影响主要表现在对臭氧层破坏和产生温室效应。臭氧层破坏和温室效应表现在臭氧含量不断减少和 CO_2 浓度不断增加，将会对人类居住的环境产生巨大的影响，甚至是灾难性后果[12,13]。臭氧层破坏和温室效应已经成为全球共同关注的问题。

臭氧层破坏和温室效应已经成为国际间共同关注的问题，增强环境保护意识，走社会可持续发展的道路，已经成为必然的选择。在开展环保制冷剂的替代研究中，启用自然工质不失为一条最安全的途径。

1.1.3 制冷剂替代及 CO_2 自然工质重新启用

随着 CFCs、HCFCs 禁用的提出，人们对制冷剂替代的研究方兴未艾。近十多年来科学家们通过不懈努力，研究出大量的过渡性或长期的 CFCs 和 HCFCs 替代物，并研究出相应的应用技术及设备，在制冷和空调行业得到广泛的应用。20 世纪 90 年代，美国杜邦、联信、英国帝国化学公司、美国环保局（EPA）和美国 ARI（制冷学会）提出了自己的替代物[14]。

目前，制冷剂替代主要有两条途径：以德国、瑞典等欧盟国家为代表的一派主张采用碳氢化合物做制冷剂，认为采用生态系统中现有的天然物质作为制冷剂，可从根本上避免环境问题，替代物为 R717、R744、R290、R600a 四种；以美国和日本为代表的另一派主张采用 HFCs 等人工合成制冷剂。图 1-1 给出了制冷剂替代示意图。

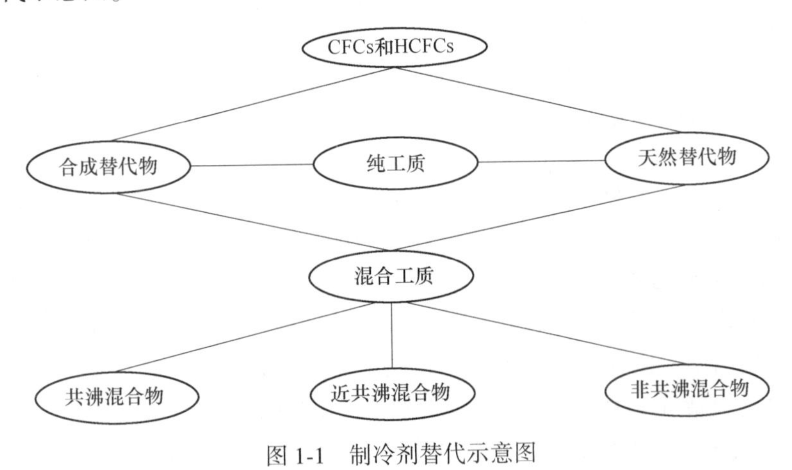

图 1-1 制冷剂替代示意图

虽然新合成的制冷工质在替代 CFCs 和 HCFCs 类制冷剂方面具有积极作用，但研究表明，这些新工质并没有达到“长期”替代物的要求，这些物质的寿命或长或短，都会增加温室效应，或分解产生其他的副作用。从环境的长期安全性出发，重新启用自然工质是一种非常安全的选择。

在制冷剂历史上，人类最初使用的是 CO_2、NH_3 和 SO_2 等自然工质。19 世纪后期，CO_2 作为制冷剂曾被广泛应用在船用制冷机中。随后，性能优良的合成制冷剂逐渐替代了 CO_2 制冷剂。近 20 多年，臭氧层破坏和温室效应问题日益突出，合成制冷剂的使用开始受到人们的质疑，自然工质的研究开始复苏[15]。

作为自然工质，CO_2 具有很多优点[16]：（1）环境友好性（ODP = 0，GWP = 1）；（2）容积制冷量大；（3）无毒、不可燃；（4）压比小，导热性好；（5）与 PAG 和 POE 等合成润滑油互溶性好；（6）价格便宜等。另外，CO_2 也具有一些不足之处，如临界温度较低（30.98℃）、临界压力很高（7.377MPa）、系统效率较低等。尽管 CO_2 作为制冷工质具有一些缺点，但已故前国际制冷学会主席 G. Lorentzen 仍认为 CO_2 是无可取代的制冷工质，并提出跨临界循环理论，指出作为制冷工质，CO_2制冷循环不宜采用普通工质的亚临界循环，而是采用跨临界循环形式，其可望在制冷空调和热泵领域发挥重要作用。

1.1.4 太阳能热泵联合应用技术

太阳能属于一种可再生的清洁能源，分布广、储量大，同时具有很强的季节性和地域性。太阳能直接加热热水用于生活所用或冬季供暖，产生的热水波动很大，遇到极冷低温或阴雨天气甚至不能利用。热泵属于一种逆向循环，其效率较高，尤其在小温差下的效率更高。但极端天气对热泵影响很大，其中，空气源热泵在冬季极低温度时制热效果很差甚至不能工作。综合太阳能和热泵特点，可以将热泵和太阳能热水系统联合使用，将太阳能储热水箱中回收的热量经热泵加热用于冬季供暖，进而提高联合系统的效率。

1.2 太阳能的特点及利用技术

太阳向宇宙空间发射的辐射功率为 3.8×10^{23}kW 的辐射值，其中 20 亿分之一到达地球大气层。到达地球大气层的太阳能，30%被大气层反射，23%被大气层吸收，47%到达地球表面，其功率为 8×10^{13}kW，也就是说太阳每秒钟照射到地球上的能量就相当于燃烧 500 万吨煤释放的热量。全球人类目前每年能源消费的总和只相当于太阳在 40min 内照射到地球表面的能量。

太阳能是储量巨大、可再生的清洁能源，在地球已经经历过的数十亿年中，太阳能只向外界辐射了其自身能量的 2%。如果人类能够充分开发利用太阳能，完全可以供给人类几十亿年使用，而且太阳能对环境的危害几乎为零，也不会排放任何温室气体，是人类在以后发展中需要充分开发利用的清洁可再生能源。

太阳能在通过大气层时能量会被耗散，受到空气问题以及气候等多种因素的影响，要求太阳能利用设备有较大的集热器面积。为了降低太阳能供给热量的间歇性，太阳能系统还应装备储热装置，这些让太阳能热利用系统的初期设备投资很大。由于需要供给普通建筑供暖用水及生活热水的温度不要求很高，采用太阳能热利用设备可以做到对热能能级的合理匹配调控。

1.2.1 太阳能的特点

太阳能作为人类最主要的可再生能源之一，不同于化石能源和其他可再生能源，其具有自身的特点：

（1）数量巨大，强度较弱。太阳辐射经过大气层到达地球表面总能量可达 8.0×10^{13}kW，相当于全世界总发电量的几十万倍，而且太阳辐射足够维持 600 亿年。

虽然地球接受的太阳能总量巨大，但是其强度较弱，即单位时间投射到单位面积上的太阳能量较少。已知太阳常数为 1367W/m^2，而经过大气层后太阳辐射强度衰减50%以上，还不到700W/m²。这就意味着，要想利用这种低密度的太阳能，只有采用大面积的聚光装置以达到应用要求。

（2）清洁能源。太阳能利用过程中没有废液、废气的排放，不会对人体和环境产生危害，是名副其实的清洁能源。常规能源利用过程中排放大量的污染物，对生态环境和人体健康造成巨大危害；核能虽然污染较轻，但其放射性危害和核废料的处理也较为麻烦。此外，化石能源的消耗产生大量的二氧化碳，引起温室效应，导致一系列生态和气候变化。据估算，要消除大气中的污染物所需的费用大约是所用燃料价值的10倍，而太阳能不涉及这些问题。

（3）不连续，不稳定。太阳能的最大弱点就是不连续、不稳定的特性。由于地球自转造成的昼夜之分，导致一年中有一半以上的时间未能利用太阳能。随着季节的更替，一天中时刻的变化，加之气象条件变化，太阳辐射的强度也有较大的变化，这就更加剧了太阳能利用的困难程度。所以，为了太阳能的稳定利用，系统需要配置辅助能源系统和蓄能装置。

（4）区域分布。太阳能分布广阔，易于获取，且省去了运输环节；但是随着地理位置和气象条件的变化，太阳辐射强度有较大差异。因此，太阳能开发利用过程中，必须要因地制宜，才能使太阳能利用最优化。

1.2.2 太阳能利用技术

太阳能利用技术可以分为太阳能光热转换技术、太阳能光伏转换技术和太阳能光化学转换技术三种。

（1）太阳能光热转换技术。太阳能热利用的基本原理是通过聚光集热系统，最大限度地将采集和吸收到的太阳能转化为热能，加热水、空气和有机工质等传热介质，继而为生产和生活过程提供所需的能量。按利用温度不同分为太阳能低温（<100℃）利用、中温（100~500℃）利用和高温（>500℃）利用。

太阳能热利用可分为太阳能热发电和建筑用能两方面，其中太阳能热发电、太阳能热水器和太阳能制冷等发展较快。

（2）太阳能光伏转换技术。太阳能光伏转换是利用太阳能电池的光伏效应，将太阳能转化为电能。太阳能光伏发电系统一般包括太阳能电池组件、控制器、逆变器、蓄电池和测量设备等，有离网型和并网型两种系统方式。

（3）太阳能光化学转换技术。光化学转换技术主要是指光化学制氢技术，即将太阳能转化为氢的化学自由能。当前国际上太阳能制氢的方法主要有五种：光电化学分解水制氢、光催化分解水制氢、热化学分解水制氢、太阳能发电电解水制氢和光生物化学分解水制氢。中国的太阳能资源十分丰富，全国有2/3以上的地区年日照时数在2000h以上。良好的太阳能辐照资源条件，以及节能、环保、经济的优点，更加显示出了开发利用太阳能的优越性。从古至今人们根据太阳辐射能的特点，全方位、多渠道地使用太阳能为人类造福。太阳辐射能的特点：随处可见的广泛性；无毒、无害的清洁性；不同地区的差异性；能量密度的分散性，实际使用中要得到尽可能多的太阳能辐射，就需要增加采光面积，把设备结构变得复杂，还增加了系统的占地面积、设备用料以及投资成本；太阳能随季节、昼夜、气候等自然条件的变化，不稳定及间歇性的特点。

1.3 太阳能热利用的形式

太阳能热利用形式可以概括为如下几种：

（1）被动式太阳房。区别于主动式太阳房，被动式太阳房不需要任何机械与动力设备。被动式太阳房的设计要考虑建筑物的朝向、当地太阳高度角的大小、外围护的结构及材料、建筑内部空间及蓄热材料的选择，使建筑物本身能够高效地收集、存储和分配太阳辐射能，无需辅助热源，并且达到冬季采暖、夏季遮阳降温的作用。按不同的采集太阳能的方式，被动式太阳房大致可分为直接收益式太阳房、集热-蓄热墙式太阳房、附加阳光间式太阳房、屋顶池式太阳房以及直接收益窗和集热墙组合式太阳房。

（2）太阳能集热器。太阳能集热器吸收太阳辐射，将有效热能传给传热工质，并且最大限度地保证吸收的热量不再散失，传热工质多选择液态物质或空气[17]。太阳能集热器的工作温度范围广，在生活、工业、娱乐业等场所采暖、供热水等诸多领域中已经广泛应用了太阳能集热器。从国内市场来看，一半以上的太阳能系统中应用的是真空管式集热器。平板型集热器的耐久性、适用工况、耐压上还不及真空管集热器。但是平板型太阳能集热器造价低廉、故障率低、热传递性、与传热介质的相容性较好[18]，应进一步提高平板型太阳能集热器的效率以及透明盖板、吸热板的加工工艺。

（3）太阳能热水器。太阳能热水器是世界太阳能热利用产业中的骨干。太阳能热水器的使用能大幅缓解由于热水消耗量的增加而引起的能源供应压力和环境压力[19]。太阳能热水器代替电热水器，每平方米采光面积节电 300kW·h/年，削弱了城市的晚间用电高峰。但是，现有许多太阳能热水器的功能还不完善，品种、规格、尺寸等都不满足建筑的要求，承载、防风、避雷等安全措施不够健全[20]。为了使太阳能热水系统成为民用建筑的配套设备，科研人员在最大限度地优化太阳能热水系统的产品结构功能、热水系统与建筑整合设计、太阳能与常规能源的匹配等方面进行了研究。

（4）太阳能采暖系统就是一种主动式的太阳能热利用系统，由太阳能集热器、蓄热设备、辅助热源和循环水泵等设备组成，可以吸收、存储太阳能，达到连续采暖的效果。但是，系统的运行温度较低，因为太阳能集热器的效率随着运行温度的升高而降低。我国大部分冬季需要采暖的地区，目前大多广泛使用的是短期蓄热的太阳能采暖系统，太阳能保证率在20%~40%[21]。预计到2020年，我国新建的节能建筑中，约10%的建筑中应用太阳能采暖系统，年可节约660万吨标准煤。

1.4 太阳能的分布

1.4.1 我国太阳能的分布

我国太阳能光照资源丰富，全国60%以上的地区年辐射总量大于5020MJ/m^2，年平均日照小时数大于2000h。我国太阳能资源分布见表1-1。

表1-1 中国太阳能资源分布表

类型	日照 /h·a^{-1}	年辐射量 /MJ·m^{-2}	等量热量所需标准燃煤 /kg	主要地区	备注
一类	3200~3300	6680~8400	225~285	宁夏北部，甘肃北部，新疆南部，青海西部，西藏西部	最丰富地区
二类	3000~3200	5852~6680	200~225	河北西北部，山西北部，内蒙古南部，宁夏南部，甘肃中部，青海东部，西藏东南部，新疆南部	较丰富地区
三类	2200~3000	5016~5852	170~200	山东，河南，河北东南部，山西南部，新疆北部，吉林，辽宁，云南，陕西北部，甘肃东南部，广东南部	中等地区
四类	1400~2000	4180~5016	140~170	湖南，广西，江西，浙江，湖北，福建北部，广东北部，陕西南部，安徽南部	较差地区
五类	1000~1400	3344~4180	115~140	四川大部分地区，贵州	最差地区

我国大部分地区太阳能资源都比较丰富，尤其是在我国西北部，如青海、新疆、西藏等地区；而我国人口密度比较大的中东部，如河北、北京、山东、山西也是太阳能分布比较丰富的地区。如果太阳能利用技术能够在这些地区大规模发展利用，节约的一次能源耗费和减少的污染物排放将是十分巨大的。

由中国气象局风能太阳能资源中心数据，图1-2为我国年平均太阳能总辐射量月变化，图1-3为我国年平均太阳能直接辐射总量月变化，图1-4为我国年平均太阳能直射比月变化，图1-5为我国年平均日照时数总量月变化。

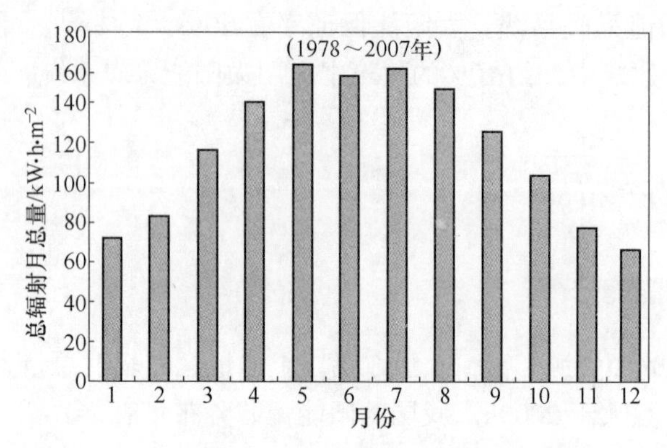

图 1-2　我国年平均太阳能总辐射量月变化

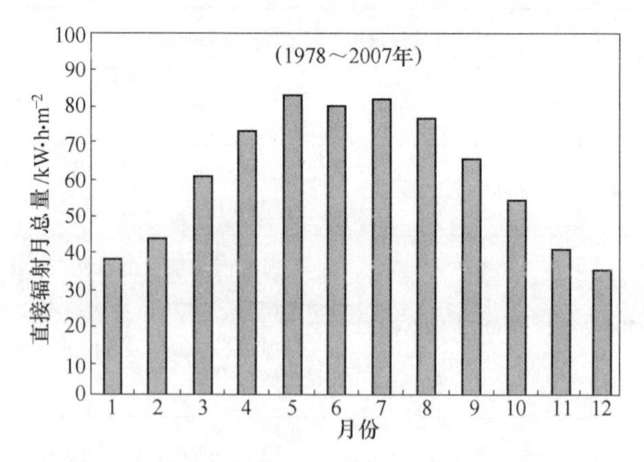

图 1-3　我国年平均太阳能直接辐射总量月变化

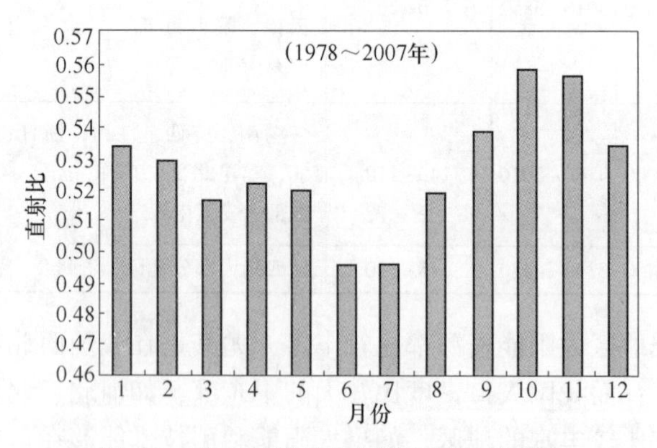

图 1-4　我国年平均太阳能直射比月变化

我国属太阳能资源丰富的国家之一，全国总面积 2/3 以上地区年日照时数大于 2000h，年辐射量在 $5000MJ/m^2$以上。据统计资料分析，中国陆地面积每年接收的太阳辐射总量为 $3.3\sim8.4GJ/m^2$，相当于 2.4×10^4亿吨标准煤的储量。

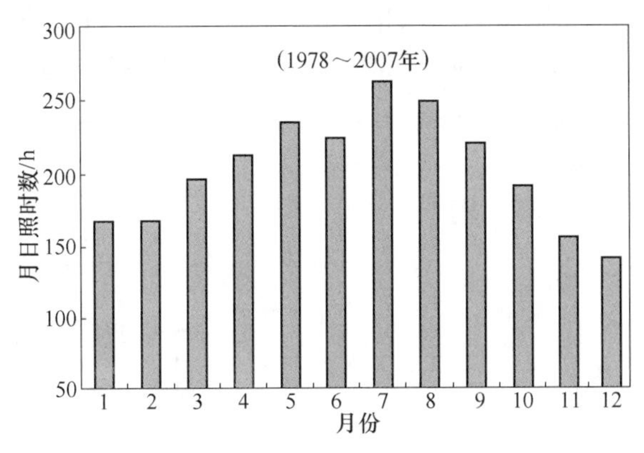

图 1-5 我国年平均日照时数总量月变化

根据国家气象局风能太阳能评估中心划分标准，我国太阳能资源地区分为以下四类[22]：

（1）一类地区（资源丰富带）。全年辐射量在 6700～8370MJ/m^2之间，相当于 230kg 标准煤燃烧所发出的热量；主要包括青藏高原、甘肃北部、宁夏北部、新疆南部、河北西北部、山西北部、内蒙古南部、宁夏南部、甘肃中部、青海东部、西藏东南部等地。

（2）二类地区（资源较富带）。全年辐射量在 5400～6700MJ/m^2之间，相当于 180～230kg 标准煤燃烧所发出的热量；主要包括山东、河南、河北东南部、山西南部、新疆北部、吉林、辽宁、云南、陕西北部、甘肃东南部、广东南部、福建南部、江苏中北部和安徽北部等地。

（3）三类地区（资源一般带）。全年辐射量在 4200～5400MJ/m^2之间，相当于 140～180kg 标准煤燃烧所发出的热量；主要是长江中下游、福建、浙江和广东的一部分地区，春夏多阴雨，秋冬季太阳能资源还可以。

（4）四类地区：全年辐射量在 4200MJ/m^2以下。主要包括四川、贵州两省。此区是我国太阳能资源最少的地区。

一、二类地区，年日照时数不小于 2200h，是我国太阳能资源丰富或较丰富的地区，面积较大，约占全国总面积的 2/3 以上，具有利用太阳能的良好资源条件。

1.4.2 世界太阳能的分布

世界太阳能资源丰富的地区主要集中在非洲、南美洲、欧洲大部分地区和亚洲大部分区域。北非地区是全球太阳辐照最强的区域。美国也是世界太阳能资源最丰富的地区之一[23]。美国一类地区太阳能年辐照总量为 9198～10512MJ/m^2；二类地区太阳能年辐照总量为 7884～9198MJ/m^2；三类地区太阳能年辐照总量为

6570~7884MJ/m^2；四类地区太阳能年辐照总量为5256~6570MJ/m^2；五类地区太阳能年辐照总量为3942~5256MJ/m^2。澳大利亚的太阳能资源也很丰富。全国一类地区太阳能年辐照总量7621~8672MJ/m^2；二类地区太阳能年辐照总量6570~7621MJ/m^2；三类地区太阳能年辐照总量5389~6570MJ/m^2；四类地区太阳能年辐照总量也几乎都高于6570MJ/m^2。图1-6给出了美国能源消费分配情况[24]。

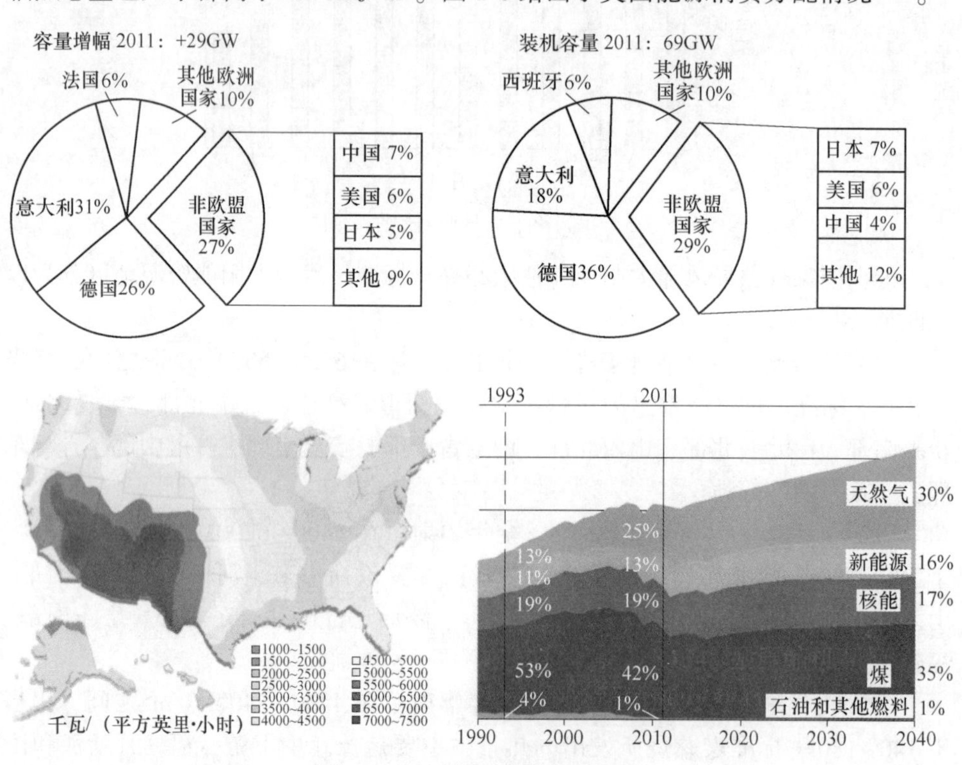

图1-6　美国能源消费分配情况

1.5　CO_2跨临界热泵系统组成及研究现状

与大多数常规制冷剂相比，CO_2的临界温度很低（30.98℃），因此CO_2的放热过程是在接近或超过临界点的区域的气体冷却器中进行的，这也是“跨临界”一词的来源。

随着CO_2跨临界循环技术在热泵热水器、汽车空调和工商业制冷等领域的不断深入研究和应用，随之配套的压缩机、节流阀、膨胀机、气体冷却器和蒸发器等也都得到了不同程度发展。目前，CO_2跨循环技术在欧洲（主要是挪威、德国、丹麦和荷兰等）、亚洲（主要是日本）和美国三个地域水平发展比较快，也在一定程度上代表了国际先进水平。

1.5.1 压缩机

活塞压缩机以适用压力范围广、材料要求低、加工较容易和技术上较为成熟，因此，在各种场合，特别是在中小制冷范围内，成为制冷压缩机中应用最早、生产批量最大的一种机型。

1989年，挪威科技大学（NTNU）的Fagerli等人首次进行了CO_2跨临界循环试验，其选用的压缩机为丹麦SABROE公司制造的CO_2双缸活塞压缩机。SANDEN公司与LUK等公司合作开发了CO_2汽车空调压缩机，是在R134a压缩机的基础上进行改造，如图1-7所示。

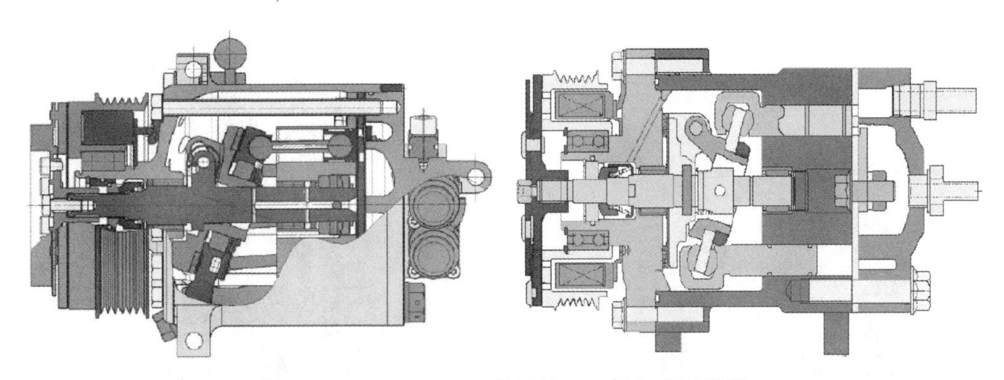

图1-7 SANDEN/LUK公司的CO_2斜盘式压缩机

该类型压缩机工作压力为4~12MPa，转速500~5000r/min，外壳可与VDA R134a型压缩机互换，壳体材料为钢和铝。压缩机容积30cm^3，30℃时进、出口压力为4MPa和12MPa，转速为600~9500r/min，容积效率可达70%~80%。

意大利DORIN公司开发的半封闭活塞压缩机已开始批量生产，产品包括跨临界和亚临界两种类型，工作压力达14MPa，分为单级双缸和双级双缸，排量分别为3.5~10.7m^3/h和3.0~12.6m^3/h，额定转速为1450~2900r/min（50Hz）。单级气缸直径为18mm、22mm和34mm，缸径比一般为0.3~1.5，双级气缸直径分为28mm+18mm、34mm+22mm、52mm+34mm，缸径比在0.1~1.6之间。图1-8所示为该公司的CO_2半封闭活塞压缩机产品系列之一。

图1-8 DORIN公司开发的CO_2半封闭单级双缸活塞压缩机（4kW）

CO_2单位容积制冷量为常规工质的5~7倍，因此，常规工质20cm^3容积的压缩机，对于 CO_2 压缩机，其容积可下降到 2.5cm³ 左右。图 1-9 为 Danfoss 公司生产的容积为 2.5cm³ 的 CO_2 活塞压缩机，其产量已经超过 50000 台，主要用于热泵及售货机等领域[25]。

日本 SANYO 公司开发了 CO_2 双级滚动活塞压缩机，如图 1-10[26] 所示。第一级排气分成两部分：一部分制冷剂进入第二级压缩腔，压缩后成为第二级高压排气；另一部分制冷剂进入壳体内保证壳体的压力为中间压力，然后再进入二级压缩腔。该压缩机具体尺寸参数为：直径 117.2mm、高 244.3mm，排气容积为 2.63cm³，额定功率 750W，吸气压力 3.2MPa，排气压力 9.2MPa，等熵效率超过 80%。

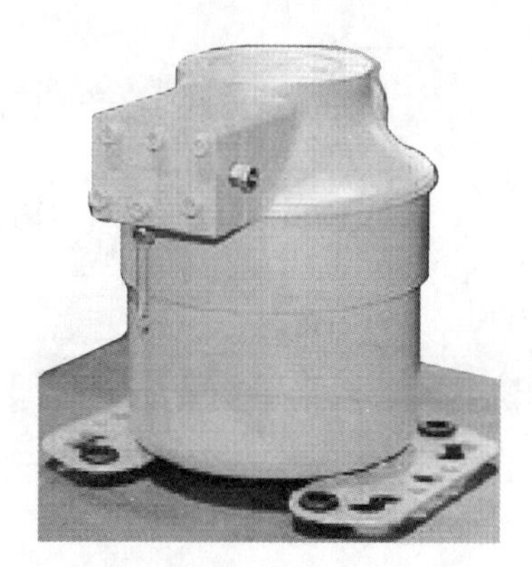

图 1-9　Danfoss 公司生产的容积为 2.5cm³ 的 CO_2 压缩机

图 1-10　日本 SANYO 公司开发的 CO_2 双级活塞压缩机

日本静冈大学与日本 DENSO 公司合作开发了往复式活塞压缩机[27]。吸气压力 3.5MPa，排气压力 10.1MPa，活塞直径 15mm，行程 19.8mm，余隙容积效率 6.5%。测试结果表明，容积效率为 70%，低于理论设计值 91.7%，绝热效率约为 80%。当润滑油混合比为 3%～5%时，容积效率和绝热效率均上升，超过该范围，过多的润滑油在高温下对吸气流量起到消极的影响。

摆动转子压缩机比往复活塞压缩机尺寸小 40%～50%，重量约轻 50%，组成部件少 30%～39%，结构简单[28]。由于没有往复运动力作用，因此摆动转子压缩机具有很好的动平衡特性，所有这些特点使得小功率（小于 10kW）转子压缩机在家用空调和汽车空调市场上占有很重要的地位。

日本 DENSO 公司开发了 CO_2 涡旋压缩机[29]，如图 1-11 所示。压缩机的容积为 3.3cm³，尺寸为 ϕ137mm×285mm，采用直流电机和变频器。为降低摩擦损失采用滚动轴承，精密的加工和装配可降低泄漏损失，使压缩机达到高效运转。

在 R410A 涡旋压缩机的基础上，日本松下（Matsushita）公司开发了 CO_2 涡旋压缩机，制冷量为 2.5～5.0kW，如图 1-12[30] 所示。通过减少涡圈圈数，降低涡圈高度，设计耐高压的壳体和排气端盖。测试结果表明，容积效率与 R410A 压缩机相差不大，压缩机的效率大于 70%。另外，Matsushita 公司还对不带储液器的 CO_2 涡旋压缩机进行了研究，在减小摩擦损失、泄漏损失和降低运行噪声等方面取得了一定效果。

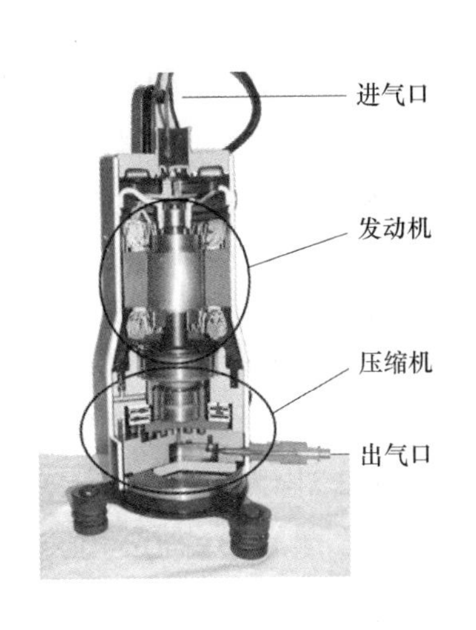

图 1-11 DENSO 公司 CO_2 涡旋压缩机

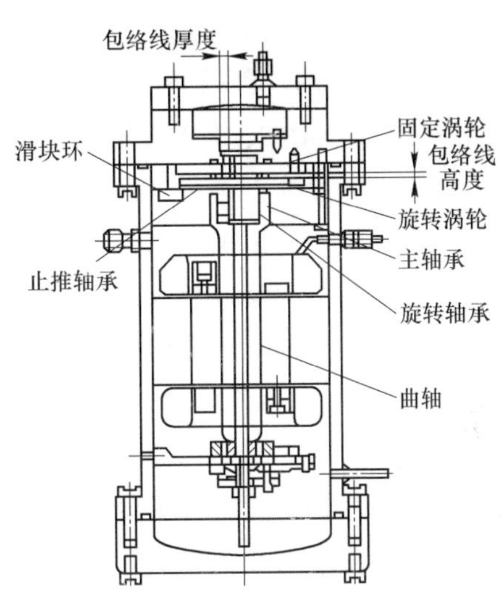

图 1-12 松下公司 CO_2 涡旋压缩机

西安交通大学邢子文教授对 CO_2 跨临界往复活塞压缩机进行了研究[31]。基于质量守恒、能量平衡和动量定理，对吸/排气阀气体流动、泄漏及阀体运动进行了分析，如图 1-13 所示。通过气缸内压力和温度等热力学参数计算，探讨了制冷量及系统 *COP*，压缩过程中 CO_2 物性参数及传热特性等也给予了研究，如图 1-14 所示。

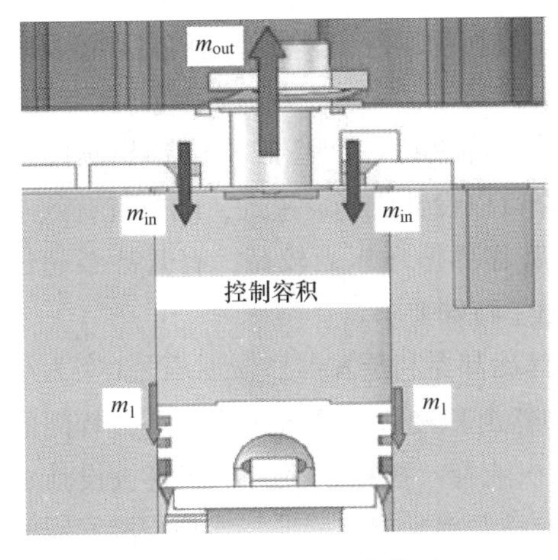

图 1-13 流动及泄漏模型

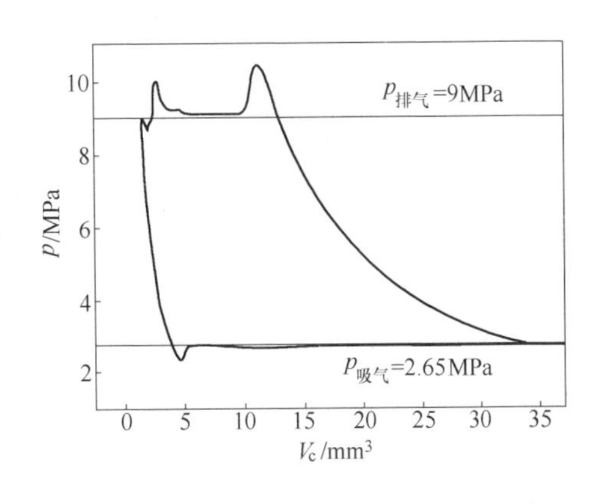

图 1-14 压缩机 p-v 图

1.5.2 膨胀装置及膨胀机

在制冷循环中，膨胀装置主要作用有：节流降压，使低压液态制冷剂在蒸发器中蒸发吸热；调整供入蒸发器的制冷剂的流量，以适应蒸发器热负荷的变化，使制冷装置更加有效的运转。

Danfoss 公司、美国 Purdue 大学 Li Daqing 和 Groll 等人对 CO_2膨胀阀进行了研究[32]。日本 DENSO 公司开发了 CO_2热泵热水器中可变喷嘴面积的引射器[33]。

针对 CO_2跨临界循环节流损失大，约占系统总损失的 37.2%，采用膨胀机回收膨胀功，进而可以提高系统效率[34]。

1994 年，Lorenzen 教授就提出用膨胀机代替节流阀来提高系统效率的方法。德国的 Maurer 和 Zinn 对轴向斜盘活塞式 CO_2膨胀机和内齿轮泵 CO_2膨胀机进行了试验研究[35]。挪威科技大学 NTNU 试验室的 E. Tondell 对 CO_2透平膨胀机进行了试验研究[36]。美国 Purdue 大学的 Robinson 和 Groll 对 CO_2跨临界循环带膨胀机与不带膨胀机装置进行了分析[37]。美国 UIUC 大学的 ACRC 研究中心对汽车空调上应用 CO_2离心式膨胀机进行了研究[38]。

在国内，天津大学热能研究所从 2000 年就开始了 CO_2膨胀机的研究，目前已开发出了第三代滚动活塞膨胀机。试验结果表明，该膨胀机的绝热效率为 30%以上，最高效率达到 46%，具体结构参见文献［39］。文献［40］~文献［42］对膨胀机内部结构进行了有限元分析。

1.5.3 换热器

CO_2跨临界循环换热器包括气体冷却器（常规制冷循环称为冷凝器）和蒸发器，是外界流体与内部制冷剂进行热、冷量交换的场所，其效率如何将直接反映整个循环的性能。

由于 CO_2制冷剂具有良好的流动特性、传热特性和高的单位容积制冷量（22600kJ/m^3），因此，CO_2气体冷却器完全可以设计成紧凑模式，既节省有效空间，又能降低材料消耗成本。但是，CO_2跨临界循环压力较高，有时甚至超过 10MPa，这对 CO_2气体冷却器的设计又提出了特殊要求。

1998 年，Pettersen 等人提出了 CO_2气体冷却器和蒸发器“微通道”（实为小通道）设计理念[43]。“微通道”气体冷却器由积液管、平行微管以及微管间的折叠翅片构成，如图 1-15 所示。微管嵌入积液管“插槽”上，积液管被设计成两根平行连通圆管，管内用平板沿垂直于制冷剂流动方向隔开，实现积液管间的多流程。

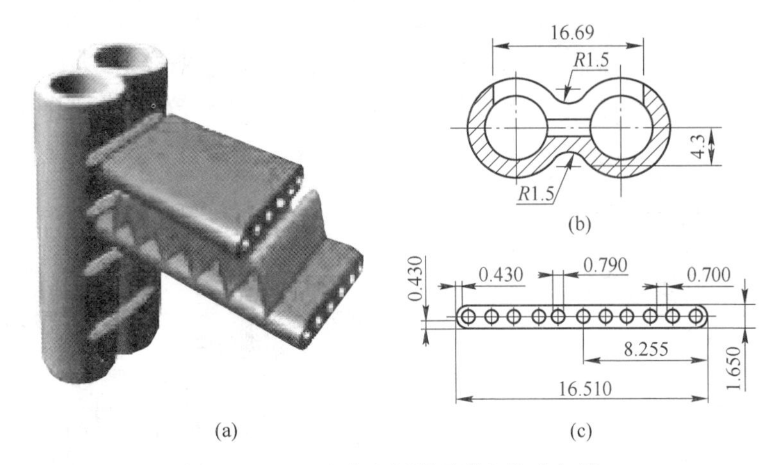

图 1-15　CO_2汽车空调微通道气体冷却器

（a）微通道几何结构；（b）积液管截面；（c）微通道换热管截面

由于采用小管径和紧凑设计，使得换热器无论在质量上还是体积上都具有很大优势，加之高效焊接技术和良好性能，微通道换热器在交通运输领域备受青睐。

Skaugen 等人对不同类型 CO_2 制冷系统换热器建立了模型，并进行了计算机模拟[44]。美国 Maryland 大学 Hwang 和 Radermacher 建立了 CO_2 跨临界循环系统数学模型，进行了相关仿真研究[45]。上海交通大学陈江平教授和丁国良教授分别对 CO_2 汽车空调换热器进行了试验研究和仿真分析[46]。具体 CO_2 换热器仿真研究可参阅文献［47］。

国内外很多企业对 CO_2 跨临界循环气体冷却器进行了研究，图 1-16 所示为 CO_2 内螺旋管式气体冷却器。天津大学热能研究所自行开发了 CO_2 套管式气体冷却器，如图 1-17 所示。

图 1-16　CO_2内螺旋管气体冷却器

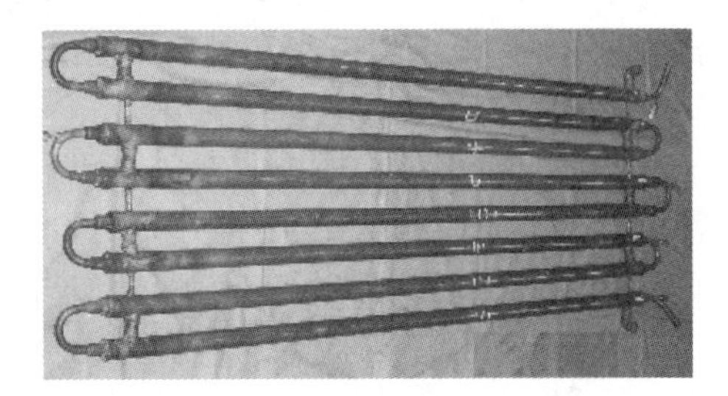

图 1-17　天津大学热能研究所开发的 CO_2套管气体冷却器

与气体冷却器一样，CO_2 蒸发器也是制冷循环中的重要设备。CO_2 蒸发器首先被开发应用于汽车空调，形式为机械扩展管翅式结构，如图 1-18 所示。第二代蒸发器由一些小直径圆管组成，为解决耐压和小管径涨管加工难的问题，开发了第三代“平行流”微通道蒸发器。图 1-19 给出了汽车空调用 CO_2 和 R134a 蒸发器的样机。从外观看，CO_2 蒸发器结构紧凑、迎风面积较小，但制冷能力却比较大[48]。

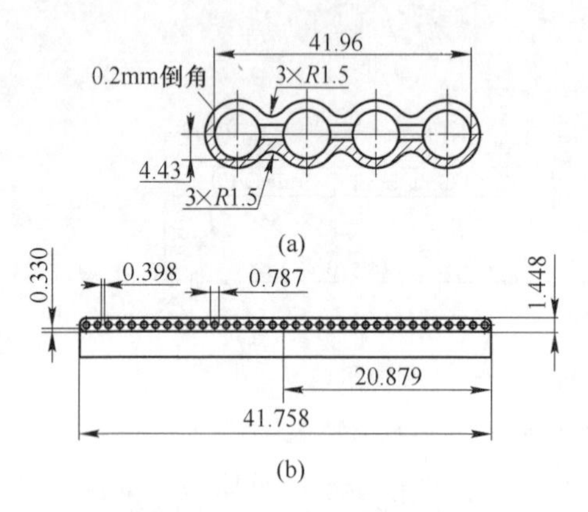

图 1-18　CO_2 微通道蒸发器

（a）积液管截面；（b）微通道换热管截面

图 1-19　汽车空调用 R134a 和 CO_2 蒸发器

Kim 等人[49]利用有限容积方法对 CO_2 汽车空调微通道蒸发器的性能进行了研究，结果表明理论模型与试验结果符合得很好。Honggi Cho[50]等人对 R22 空调系统的微通道蒸发器的性能进行了研究。他们利用湿度热量测试仪，分别对 8 个蒸发器模型进行测试。结果表明，微通道蒸发器的有效面积对制冷量的影响较大，流体流动特性对压降损失有轻微影响，而制冷剂质量流量对压降的影响表现为相反趋势。

Rin Yun 等人[51]对 CO_2 空调系统微通道蒸发器进行了数值模拟。利用现有的关联式，对空气侧和制冷剂侧的传热和压降进行了计算，并在 CO_2 和 R134a 试验台上分别对该模型进行了验证。结果表明，该模型精确性很好，偏离误差可控制在 6.8%以内。鉴于蒸发器尺寸、出口空气参数以及制冷量要求，需要对进口空气速度、流量等参数进行优化。

国内，很多高校或企业对跨临界 CO_2 蒸发器进行了试验和仿真研究[52]。天津大学热能研究所从 1997 年开始对 CO_2 跨临界循环研究，随着系统不断完善优化，开发设计了一系列的蒸发器模型与产品[53]。

换热器性能是影响 CO_2 跨临界循环系统效率的关键因素。针对运行压力高、单位容积制冷量大以及良好的流动性和传热特性，如何降低加工成本，开发高效、紧凑的 CO_2 换热器产品，是将 CO_2 制冷空调和热泵产品推向市场的关键。

1.5.4　CO_2 跨临界循环

基于 CO_2 制冷剂良好的特性和循环部件制造加工水平的不断提高，CO_2 制冷空调和热泵研究日益增多，并且很多产品已经实现了批量化生产，并推向了市场。CO_2跨临界循环具有排气温度高、温度滑移大，以及气体冷却器出口温度越低，系统性能越好等特点。因此，CO_2跨临界循环非常适用于热泵系统。

1996 年，挪威 SINTEF/NTNU 研究所建立了世界上第一台制热量为 50kW 的CO_2热泵热水器试验台，如图 1-20 和图 1-21[48]所示。

图 1-20 SINTEF/NTNU 50kW CO_2热泵

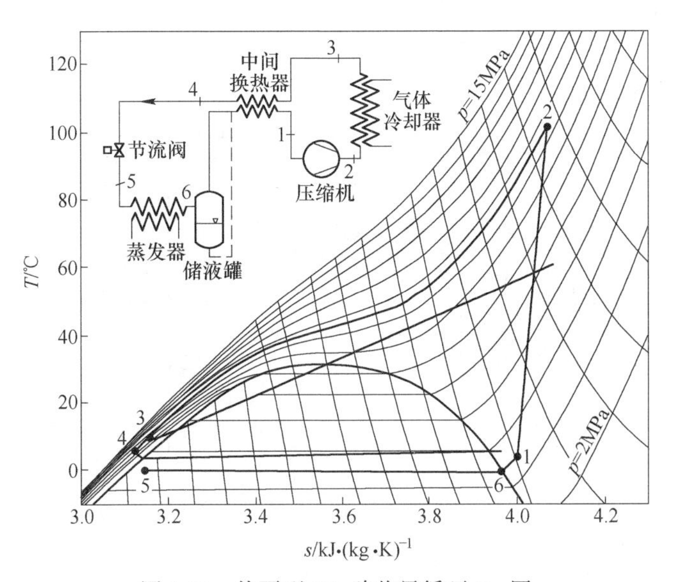

图 1-21 热泵型 CO_2跨临界循环 T-s 图

当气体冷却器的进、出口温度分别为10℃和60℃时，系统*COP*值超过了4；蒸发温度为0℃，热水出口温度由60℃升到80℃，系统*COP*值仅由4.3降到3.6；最高出水温度可达90℃以上，系统运行稳定。基于CO_2热泵热水器可以获得高温热水，并且具有很高的系统*COP*值，因此，CO_2热泵热水器在宾馆、医院以及食品行业等领域起着重要作用。

1999年，挪威拉尔维克一个小型食品加工厂建立了一台25kW的污水源CO_2热泵试验台，性能超过了预期结果，很多企业表现出了投资兴趣。日本一些制造企业把CO_2热泵产品成功打入市场，并制定了相关检验标准和规范了热泵专用术语（制冷量小于11.8kW）。基于JRA 4050—2007检验标准，制热量为4.5kW、*COP*值超过3.0的小型热泵热水器利用晚间廉价电能，产生热水储存在水箱以备白天使用，因性能良好颇受欢迎[48]。

S. D. White等人[54]对一台制热量为115kW的热泵系统进行了研究。当蒸发温度为0.3℃，制取热水温度为77.5℃时，系统制热*COP*值为3.4。模型分析表明，当气体冷却器出口水温由65℃升高到120℃时，系统制热量和制热*COP*值分别减小33%和21%。

文献［55，56］对CO_2跨临界循环两代膨胀机性能进行了试验研究。试验结果证明，两代滚动活塞膨胀机性能以第二代为优；膨胀机的转速对膨胀机效率乃至整个跨临界循环系统性能都有影响，因此存在一个最优转速；摩擦和泄漏仍是制约膨胀机效率的最大因素。

为了获得更低温度，可以采用CO_2复叠制冷循环。H. M. Getu等人[57]对CO_2/NH_3复叠循环进行了热力学分析。NH_3制冷剂用于高温级，CO_2用于低温级，通过分析NH_3侧过冷度和CO_2侧过热度，进而优化循环使系统性能最优。图1-22给出了该循环*p*-*h*图。

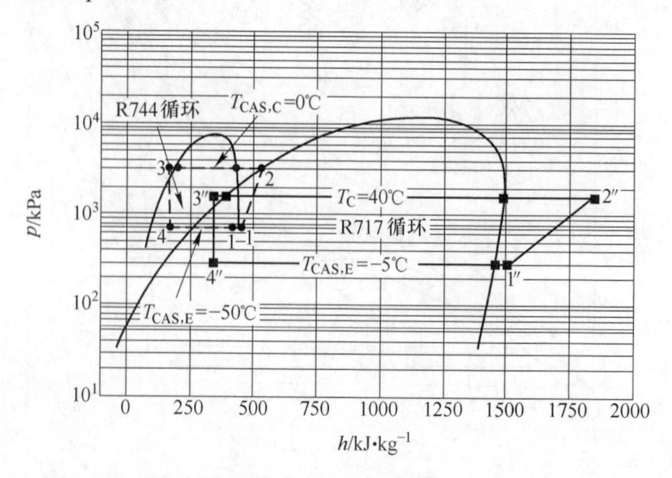

图1-22　CO_2/NH_3循环*p*-*h*图

S. G. Kim 等人[58]对 R744/134a 和 R744/290 自复叠系统进行了理论分析和试验研究，如图 1-23 所示。与 CO_2制冷循环相比，通过合理搭配制冷剂混合比例，该自复叠系统可以达到一个较高压力；通过优化 CO_2在 R744/134a 和 R744/290 混合物中的比例，分析了蒸发器和冷凝器进口温度、制冷剂流量、压缩功、制冷量与系统 *COP* 值之间的关系。结果表明，随着 CO_2在混合制冷剂中比例增加，系统制冷量增加，随循环压力增加，系统 *COP* 值下降。

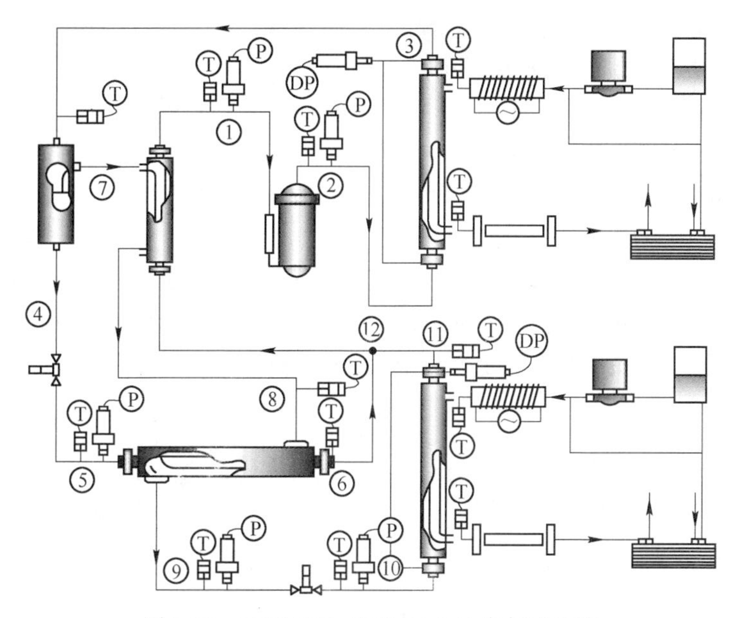

图 1-23 R744/134a 和 R744/290 自复叠系统

S. F. Pearson 对制热量 50kW，产生 80℃热水 CO_2热泵热水器进行了研究[59]。K. Endoh 等人[60]开发了家庭用 CO_2热泵热水器，其制热量为 23kW、*COP* 值为 4.6，并配套开发了涡旋压缩机和换热器。R. Kern 和 J. B. Hargreaves 等人对 CO_2跨临界循环热泵热水器性能进行了分析[61]。当排气压力为 10.5MPa，蒸发温度为 0~15℃，气体冷却器进口水温为 19~30℃，气体冷却器出口水温为 60℃时，测得制热量为 4.5~8.6kW，系统 *COP* 值为 2.1~3.7。

基于膨胀机代替节流阀能够很大程度提高 CO_2跨临界循环性能，文献［62］采用当量温度法对 CO_2跨临界水-水热泵膨胀机系统进行了研究。结果表明，降低气体冷却器入口温度或增加冷却水流量，不仅能提高系统性能，而且可以降低最优高压压力；提高蒸发器入口水温或增大冷冻水流量，均有利于系统性能的提高，但对最优高压压力影响不显著。

由于 CO_2跨临界循环的压比小、压差大、节流损失大以及当量冷凝温度高等特点，可以采用双级压缩减少压缩功和降低当量冷凝温度以提高系统性能[63]。

文献［64］对CO_2跨临界带膨胀机循环、带中间冷却器双级循环和带闪蒸罐双级循环的性能进行了对比研究。分析结果表明，室外温度为5℃和35℃时，基本循环系统制热*COP*值和制冷*COP*值分别为3.3和2.5，压缩机排气压力对循环性能影响很大；当膨胀机效率为30%，膨胀机循环制热*COP*值和制冷*COP*值分别比基本循环提高32%和22%，高压下膨胀机泄漏问题需要改善；带中间冷却器双级循环在减小压缩功和增大制冷量方面具有积极意义，制冷*COP*值随第一级压缩比增加而增大，制热*COP*值反而降低；带闪蒸罐双级循环制热*COP*值和制冷*COP*值分别比基本循环提高5.8%和9%。

文献［65］建立了双级回热朗肯循环和跨临界CO_2热泵耦合循环（DSRRC+TCHP）模型并进行了性能分析。DSRRC+TCHP效率0.3976，热泵性能系数4.217，建立了多目标优化数学模型，获得了DSRRC+TCHP和DSRRC系统的评价函数。

文献［66］对用于热泵热水器的一种双转子压缩机进行了理论研究，这是用于CO_2跨临界双级循环热泵热水器的专用压缩机。图1-24和图1-25分别给出了CO_2双转子压缩机结构和偏心轴随转角的受力情况。

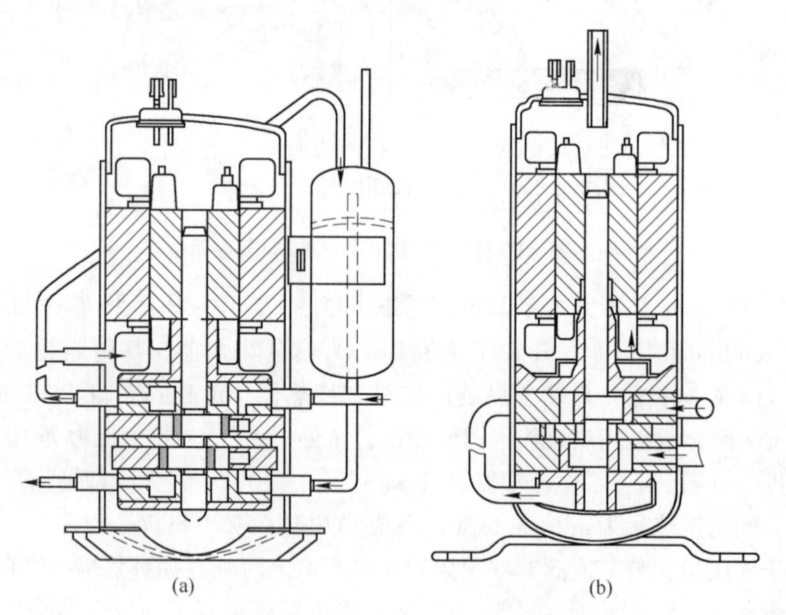

图1-24　双转子CO_2压缩机结构

（a）中间压力腔外形；（b）高压腔外形

美国PURDUE大学J. S. Baek和E. A. Groll[67]对CO_2跨临界双级循环的压比进行了分析。结果表明，存在最优中间压力使系统的*COP*值最大，如果采用双级压比相同的方法确定中间压力，则使*COP*值减小9%。西安交通大学的顾兆林

等人也对 CO_2 跨临界双级循环系统在低蒸发温度下的性能进行了分析[68]。

文献［69］对带膨胀机三种 CO_2 双级循环进行了热力学分析，分析表明，带膨胀机双级循环系统性能 *COP* 值显著提高。为了减小压缩机耗功，膨胀机被设计成与压缩机同轴连接。分析表明，膨胀机和高压级压缩机连接系统 *COP* 值要高于膨胀机和低压级压缩机连接系统。

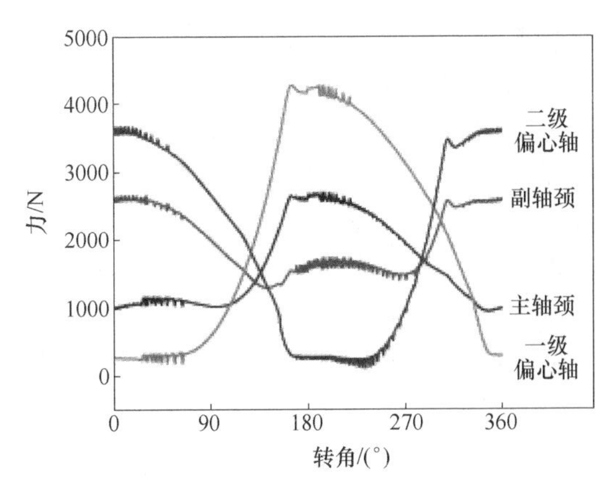

图 1-25 偏心轴随转角受力情况

总之，适应环境保护和制冷剂替代要求，开发以自然工质 CO_2 为制冷剂的制冷空调、热泵循环已经是大势所趋。提高 CO_2 单级循环性能，积极开展高效压缩机、换热器以及双级循环研究，具有十分重要的意义。

1.6 R134a 和 R1234yf 热泵技术研究现状

基于制冷剂的 *ODP* 和 *GWP* 问题，未来环保制冷剂要求满足 *ODP* 值为零和 *GWP* 值小于 150。R1234yf 制冷剂的 *ODP* 值和 *GWP* 值分别为 0 和 4，被美国环保部和欧洲 REACH 法规认为是可用的替代制冷剂，已经在北美和欧洲的汽车空调中使用，具有很好的应用前景。R1234yf 制冷空调和热泵循环中，压缩机内部含润滑油的制冷剂泄漏对系统性能影响很大。

J. Navarro-Esbri[70] 等人对压缩式循环中 R1234yf 制冷剂替代 R134a 的可行性进行了试验研究。相同冷凝温度下，R1234yf 制冷循环 *COP* 值比 R134a 循环约低 19%；相同工况下，R1234yf 循环制冷量比 R134a 循环约低 9%；辅助中间换热器，R1234yf 制冷循环性能和 R134a 循环接近。在蒸发温度 39℃ 和过热度 3～8℃ 条件下，Ki-Jung Park 等[71] 对制冷剂 R1234yf 和 R134a 性能进行了对比研究。结果表明，作为汽车空调制冷剂 R134a 的替代物，R1234yf 制冷剂具有很好的应用前景。D. Del Col[72] 对单级微通道换热器内 R1234yf 制冷剂的传热系数进行了测量。选定制冷剂流量 200～1000kg/(m^2 · s)，R1234yf 传热系数要低于 R134a。同时，对两相区内 R1234yf 制冷剂的压力降进行了测量并与 R134a 进行了对比。Giovanni A. Longo 等人[73] 对平板换热器内 R1234yf 制冷剂的换热和压降进行了实验研究。研究了饱和温度、制冷剂流量和蒸气过热度对 R1234yf 制冷剂性能的影响。当制冷剂流量小于 20kg/(m^2 · s) 时，R1234yf 换热性能受质量流量影响不显著；当制冷剂质量流量大于 20kg/(m^2 · s) 时，R1234yf 换热性能受质量流量影响显著。相同条件下，R1234yf 制冷剂的传热系数和压降分别比 R134a 低 10%~12%和 10%~20%。Alison Subiantoro 和 Kim Tiow Ooi[74]对使用 R1234yf 和 CO_2制冷剂的带膨胀机空调系统进行了经济性评价。结果表明，膨胀机的效率对提高系统性能十分关键。冷负荷 5270W、环境温度 35℃、蒸发温度 7.2℃和冷凝温度 54.4℃时，讨论了系统成本回收期情况。在压缩机入口压力 0.2~0.7MPa、入口温度 40~60℃和径向缝隙 10~60μm 试验条件下，José Luiz Gasche 等人[75]对转子式压缩机径向缝隙内含润滑油的 R134a 制冷剂泄漏进行了研究，提出了一个通用的压缩机内含润滑油制冷剂泄漏方程。

Y. L. Teh 等人[76]对一种新型制冷压缩机径向间隙的泄漏进行了理论研究。与转子式压缩机相比，该压缩机径向间隙泄漏损失可减少 40%以上。E. Navarro 等人[77]对活塞式压缩机使用制冷剂 R1234yf、R134a 和 R290 进行了试验研究。在蒸发温度-15~15℃和冷凝温度 40~65℃条件下，对压缩机不可逆损失和含油制冷剂的特性进行了对比分析。借助可视化实验和 Fluent 软件，文献[78]研究了往复式活塞压缩机转速对润滑油流动性能的影响。基于热力学分析、实验研究和数值模拟，文献[79]对高温热泵 R1234ze（E）和 R1234ze（Z）两种制冷剂性能进行了研究。研究表明，压降引起的不可逆损失对系统 *COP* 值影响较大。

上海理工大学的张太康等人[80]对空气源热泵热水器分别用 R134a、R417a 和 R22 制冷剂的各种典型工况下的性能进行了试验，对排气压力、排气温度、压缩机输入功率、制热量、性能系数进行了对比分析，为热泵热水器的设计及工质替代提供了资料。基于模拟与实验研究，东南大学的王忠良[81]对 R23/R134a 复叠制冷循环系统性能进行了研究。西安交通大学邢子文等人[82]利用螺杆压缩机设计软件，对 R134a 螺杆压缩机的泄漏特性进行了研究；对不同转速和运行工况下，制冷剂通过通道的泄漏及其对压缩机效率的影响进行了研究。华中科技大学的孙超等人[83]分析了 R134a 螺杆压缩机中间补气对系统性能的影响。研究表明：对于 R134a 螺杆压缩机中间补气系统，制冷量和电功率均随一级压缩内容积比的增大而减小，性能系数随一级压缩内容积比的增大而增大。西安交通大学的李连生等人[84]研究了冷冻机油对 R134a 压缩机性能的影响。通过对不同牌号的国内外冷冻机油在 R134a 的冰箱系统进行试验表明，冷冻机油的黏度较大时，冰箱压缩机的制冷量下降较小，其 *COP* 值增加较大。文献［85］对 R134a/R744 复叠式系统进行了研究。R134a/R744 复叠式制冷系统以 CO_2 作为低温级制冷剂、R134a 作为高温级制冷剂。设定低温级 CO_2蒸发温度为-35℃、冷凝温度为-5℃；高温级 R134a 蒸发温度为-1℃、冷凝温度为 45℃。模拟表明，系统性能系数 *COP* 值为 1.75。

西安交通大学吴江涛等人[86]对汽车空调制冷剂 R134a 的替代物 R1234yf 和 R1234ze 的物性进行了测试。压力高达 100MPa 和 9 条等温线（283~363K）下，得到128组R1234yf实验数据和131组R1234ze实验数据，并对测量不确定因素进行分析。结果表明，测量可信度为0.95，制冷剂R1234yf和R1234ze误差分别0.33%和0.23%。汪琳琳等人[87]对水平管内的R1234yf制冷剂的换热和压降进行了实验研究。在换热管内径4mm，制冷剂流量100~400kg/(m^2·s)，饱和温度分别为40℃、45℃和50℃条件下，分别研究了质量流量、干度、饱和温度和热物性对换热系数的影响。上海交通大学陈江平等人[88]对微通道内R1234yf制冷剂的6个换热关联式进行了理论分析和实验验证。相同条件下，R1234yf制冷剂传热系数比R134a制冷剂略低；随着干度增加，两种制冷剂的传热系数均下降。上海交通大学祁照岗[89]对汽车空调蒸发器内R1234yf制冷剂进行了试验研究。平板蒸发器内，R1234yf制冷量比R134a减小约8%；微通道蒸发器内，R1234yf制冷量比R134a增加约6.5%。两种蒸发器内，R1234yf压降均高于R134a。上海理工大学姜昆等人[90]采用基团贡献原理以及多项式拟合方法，建立了符合精度要求的R1234yf制冷剂的热物性模型，利用数学软件对模型进行编程求解，得到了较为全面的R1234yf制冷剂的热物性数据。

1.7 太阳能热泵系统组成及研究现状

热泵是以消耗部分高质能为补偿条件使热量可以从低温物体转移到高温物体的能量提升装置[91]。热泵可以把自然界中所蕴含的不能够直接被利用的能量转换为可以被直接利用的能源，其工作原理如图1-26所示。

基于热力学第二定律，热量是不会自动从低温物体自动向高温物体传递的，必须通过向热泵输入一部分驱动能量才能完成热量的转移。热用户所得到的热量一定大于所消耗的驱动能源，热泵是一种高效的节能装置。热泵与制冷机原理基本一样，都是按照卡诺逆循环运行的。两者目的不同，制冷机利用吸收外部热量使高温物体温度降低，从而完成制冷；而热泵则是向外界排放热量向热用户供热。另外，两种热机的工作温度范围也不同，如图1-27所示。制冷机在环境温度和需要冷却的物体温度之间工作，低温热源作为被冷却物体，制冷机从中吸热，向环境介质排放热量，从而保持需要被冷却物体低于环境温度。热泵在环境温度和被加热物体温度之间运行，从低温热源中吸热，向需要加热物体放出热量，从而保持物体温度始终高于环境温度。

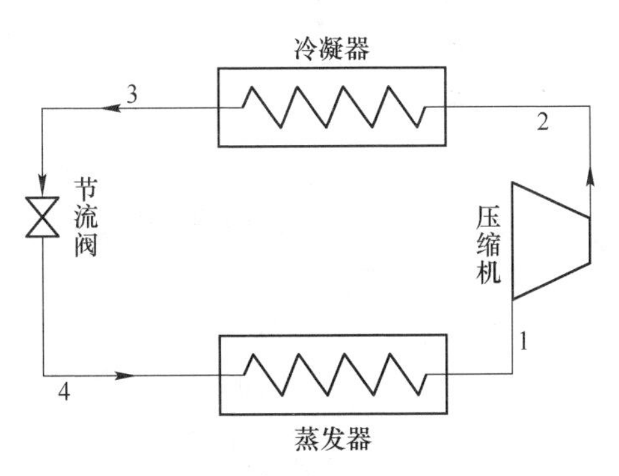

图1-26 热泵工作原理

太阳能集热器与热泵联合起来，就组成了一种新型的能源利用方式，太阳能集热器通过吸收太阳辐射能作为热泵的低位热源，与热泵的蒸发器相连接。太阳能集热器吸收的太阳能被热泵提取吸收后，通过蒸发—压缩—冷凝—节流四个过程，冷凝器加热热媒，热媒温度被提升之后，用来供给生活用水和室内供暖。太阳能热泵兼备了清洁能源使用和节能两个特点，未来发展前景广阔。

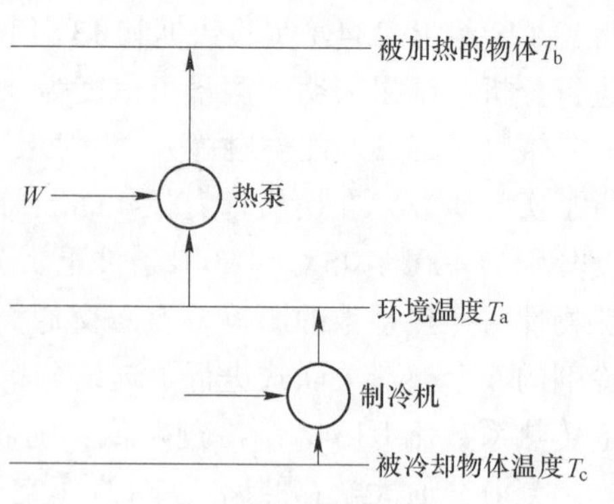

图 1-27　制冷机和热泵的工作温度范围

太阳能热泵系统可分为三类：混合连接系统、并联式连接系统和串联式连接系统。串联式热泵系统又包括非直膨式连接系统和直膨式连接系统，如图 1-28 所示。热泵的蒸发器和太阳能集热器分别属于两个部分，一个是水回路，另外一个是制冷剂回路。蒸发器吸收来自太阳能集热器的热量，最后通过冷凝器向用户端放热。

直膨式太阳能热泵系统如图 1-29 所示，该系统与常规串联式太阳能热泵系统不同的是：制冷剂直接冲注入太阳能集热器内，太阳能集热器除了具有吸收太阳能的功能，还具有热泵蒸发器的功能。直膨式太阳能热泵系统省去了单独的热泵蒸发器，使整个系统结构更为简单、成本降低，是一种新型高效的太阳能热利用技术。

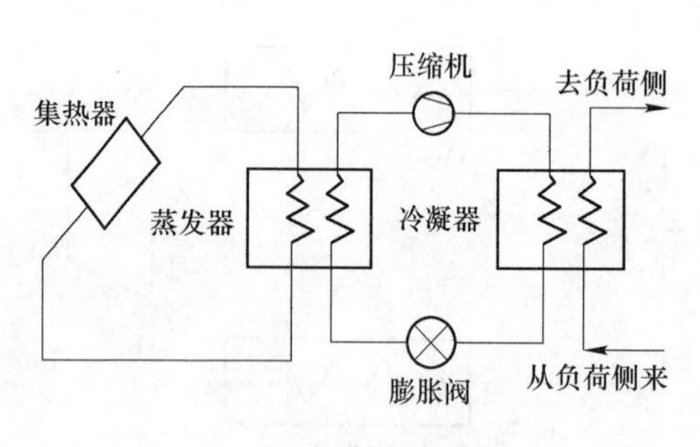

图 1-28　串联式太阳能热泵系统

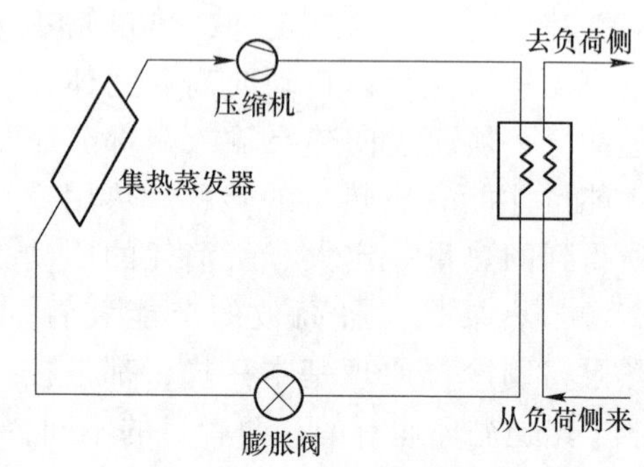

图 1-29　直膨式太阳能热泵系统

并联式太阳能热泵系统中的热泵和串联式系统中的热泵不同，串联式系统中热泵的驱动热源为经过太阳能集热器加热的水，图 1-30 给出了并联式太阳能热泵系统。并联式系统中由于热泵与太阳能集热器各自独立工作，热泵的驱动热源为室外空气，热泵的类别为空气源热泵。当太阳能辐射强度较低时，热泵与太阳能集热器共同工作来供给热量；当太阳能辐射强度较高时，只运行太阳能集热器。由于受雾霾和污染的影响，像河北唐山、北京这样的北方城市，冬季的时候太阳能辐射强度无法满足单独室内供暖的需求，大部分都需要添加热泵辅助加热。

混合连接式太阳能热泵系统如图 1-31 所示。混合连接系统实际上是把串联式系统与并联式系统相结合，系统中设有两个蒸发器，一个以被太阳能加热的热水为热源，一个以空气为热源。当太阳能辐射强度较高时，关闭空气源热泵，即只利用以水为热源的蒸发器；当太阳能辐射强度较低时，空气源热泵启动，共同供热。

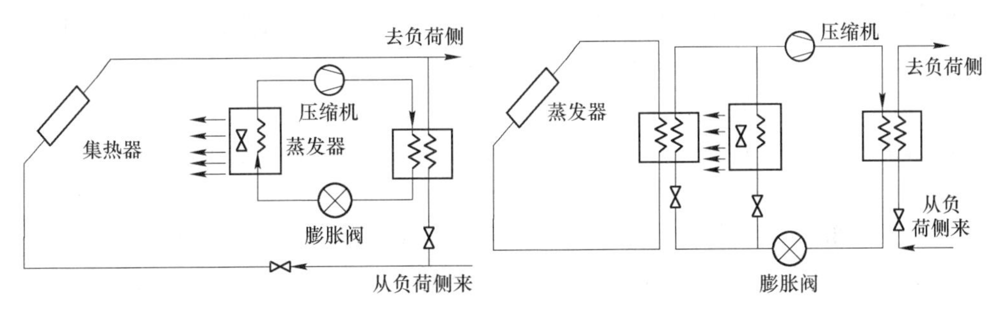

图 1-30 并联式太阳能热泵系统

图 1-31 混合连接式太阳能热泵系统

1.7.1 国内研究现状

我国在 20 世纪 50 年代对热泵开始进行研究，但基于历史条件等因素，发展缓慢，而对太阳能辐射热的利用研究基本处于初级阶段，进入 90 年代才开始进入相关的研究阶段。

张开黎等人[92]利用典型的非直膨式串联系统，通过对太阳辐射强度和房间热负荷的变化进行多种运行工况的调节，实现了太阳能热泵的常规运行（即白天蓄热供热运行）、夜间运行（即夜间或阴雨天取热供热运行）及太阳能直接运行。常规运行工况下，以热力学第一定律和第二定律为基础对太阳能热泵系统各部件的能量平衡和㶲平衡方程进行了分析。

王如竹[93]对直膨式太阳能热泵热水器（DX-SAHPWH）在不同气候条件下的性能进行了预测仿真。通过用 Visual Basic6. 0 软件编写仿真程序，通过输入时间步长、气象参数、部件结构等模拟热泵系统的运行，从而预测在不同气候条件下设备的性能（热水升温、系统 *COP* 值、压缩机耗功、集热效率）。最后通过对 DX-SAHPWH 系统进行实验与仿真计算结果对比，得出了系统性能随气象条件变化的数据，并据此制定出 DX-SAHPWH 全年运行的变频策略，为系统的长期高效运行提供可参考的依据。

裴刚[94]以太阳能光热、光电综合利用和多功能性热泵开发为核心，分别提出了光伏-太阳能热泵系统（PV-SAHP）和多功能热泵系统（MDHP）的设计思路。PV-SAHP 把热泵循环应用于太阳能光电/光热综合利用中，是一种高效的主动式太阳能利用方式，提高、稳定了太阳能光热转换的输出温度，维持光电转换在较低工作温度下的转换效率。MDHP 实现了对热泵循环制冷量和制热量的综合利用，具有较高的能源利用效率。建立了多功能热泵系统和光伏-太阳能热泵系统的数学模型，对两系统的机理和性能等进行了深入分析。

黎佳荣[95]提出了太阳能多功能热泵辅助系统。使用 3 台换热器、1 套节流装置和 1 台压缩机的联合应用，能够在 7 种功能模式下进行空气调节和制取热水。在太阳能辅助供暖和热泵热水器方面比普通空调和热水器具有很大的节能优势，尤其在太阳能辅助供暖方面，制热 *COP* 值可以达到 4.2，远远高于同等条件下普通室内单独制热 *COP* 值（为 2.6）。对于大多数中东地区而言，丰富的太阳能资源以较低的代价得到利用；在供给热水方面，相比常规热水器可以节能 76%。

赵军[18]通过使用平衡均相理论建立了太阳能集热器两相流模型，用四阶 Runge-Kutta 方法对数学模型进行求解，从理论上分别对以 R134a 与 R12 作为工质的直膨式太阳能热泵性能进行了研究，并通过与实验结果的对比，验证了数学模型的可靠性。结果表明：在合适的室外温度、太阳能辐射强度和冷凝温度下，采用 R134a 作为工质，直膨式太阳能热泵的 *COP* 值可以达到 4.0~6.5，压缩机的排气温度较采用 R12 作为工质的要低，对压缩机的冷却和良好运行是有好处的，但在实际使用中还需要考虑与润滑油、密封材料的兼容问题。

孔祥强[96]利用分布参数法建立了集热器和冷凝器的均相流动数学模型，用集总参数法建立了压缩机和电子膨胀阀的数学模型，把各部件模型和制冷剂充注量模型有机地结合在一起。依据系统热力循环过程，编制了以电子膨胀阀进出口焓值和制冷剂充注量为迭代判据的系统性能模拟程序。R410A 具有较高的单位容积制冷量、优良的传热和流动特性，可用于替代 R22。以 R410A 作为工质利用模拟分析程序进行了数据分析，随着制冷剂充注量的增加，系统蒸发压力和制冷剂质量流量均逐渐减小；集热器有效得热量和压缩机瞬时功率逐渐增大，集热器集热效率会有较大幅度提高，但是对系统 *COP* 值和冷凝压力的影响较小。

文献［97］介绍了我国的太阳能资源以及国内外太阳能集热器的发展和研究现状。图 1-32 给出了平板型太阳能集热器结构示意图。建立了以空气温度和含湿量为变量的湿空气热物性参数计算方程。利用向前差分法计算了喷淋室内空气与水之间的热质交换过程；提出了给定平板太阳能空气集热器模型的热效能计算方法。利用 Fortran 语言编程，分析了集热器工作介质分别为干空气和相对湿度为 50%的湿空气条件下太阳辐射强度、入口空气流速、入口空气温度及环境温度对集热器效率的影响。

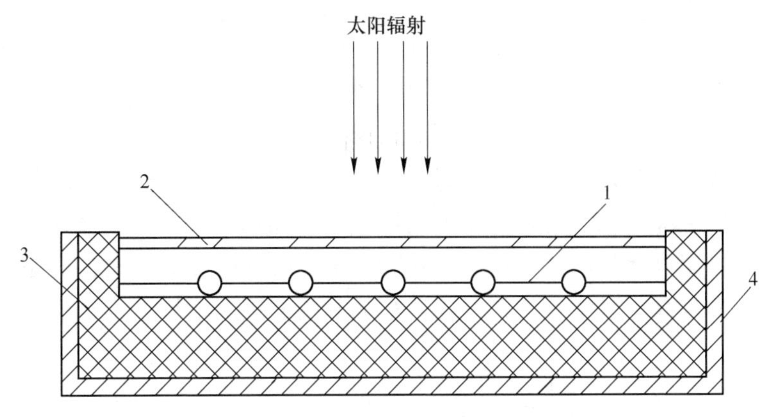

图 1-32 平板型太阳能集热器结构示意图

1—吸热板；2—透明盖板；3—隔热层；4—外壳

文献［98］通过建立模型和编制程序，对该系统在北京地区冬季运行工况进行了计算和分析。结果表明，空气源热泵模式下的性能系数为 2.90，太阳能热泵模式下的为 4.97，太阳能模式是空气源热泵模式的 1.71 倍；低温太阳能热水引起系统蒸发温度、过热度、高压压力和气体冷却器出口温度等变化。系统性能随蒸发温度的增加而增加，且幅度越来越大。随过热度的增加，压缩机出口温度、热负荷和压缩机耗功都呈线性增加，但对系统性能几乎没有影响。随着高压压力的增加，系统性能存在一个最优值，即有最优高压压力的存在。随着气体冷却器出口温度的增加，系统性能下降越来越快，说明循环加热影响较大。图 1-33 给出了太阳能辅助 CO_2 热泵系统原理图。

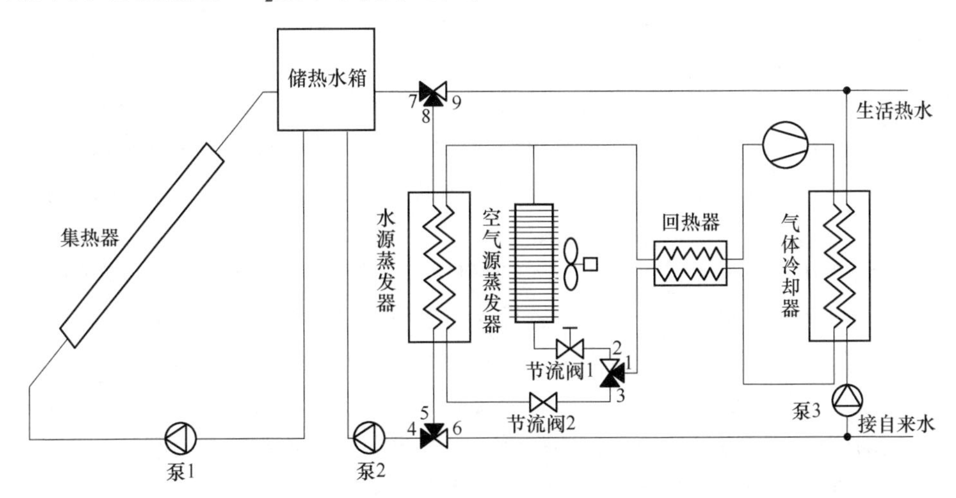

图 1-33 太阳能辅助 CO_2 热泵系统原理图

文献［99］通过比较太阳能热泵系统的形式，选取非直膨并联式太阳能热泵系统作为研究对象，建立了太阳辐射、集热器、压缩机、冷凝器、蒸发器和节流机构模型，如图 1-34 所示。室外环境温度-15~5℃，采暖系统供水温度 35~55℃，采暖负荷 5~30kW，热泵循环过热度 5℃、过冷度 5℃，压缩机等熵效率 0.85，制冷剂为 R134a，以独立开启热泵模式为例，计算分析了系统的性能系数。指出系统性能随环境温度的降低和出水温度的升高而降低，当出水温度升高时，性能系数下降的幅度随环境温度的增加而增加；功耗随环境温度的降低而升高，但当出水温度增加时，环境温度对功耗增加幅度的影响不大；功耗也随出水温度的升高而升高，且增加的幅度随负荷的升高而逐渐增加。

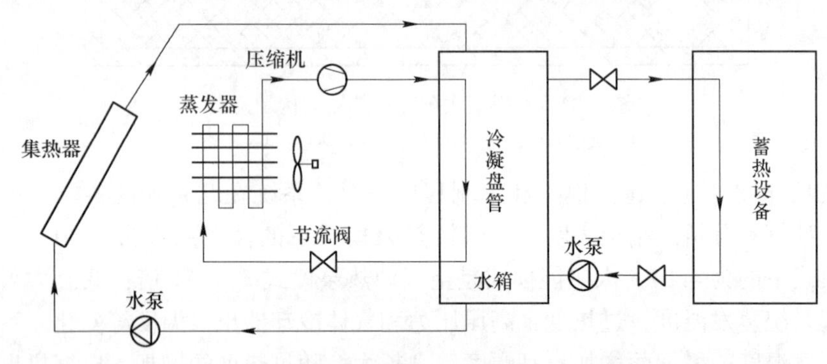

图 1-34　非直膨并联式太阳能热泵采暖系统

王如竹等人[100]对闭环和开环控制太阳能热泵的控制技术进行了研究。以电子膨胀阀作节流元件，采用了太阳辐射强度的开环比例控制与集热板过热度的闭环反馈控制相结合的控制方案，通过实验研究的方法逐步制定控制策略，分三种不同情况采取特定参数控制集热板出口过热度。经实验验证，可以实现典型工况下过热度的准确、稳定控制，提高了系统能源利用率与系统的运行稳定性，合理改进电子膨胀阀开度的控制算法，并结合变频压缩机实现对制冷剂流量的串级控制，为提高系统能源利用率，并实现整个机组全年优化运行提供了理论依据。图 1-35 给出了直膨式太阳能热泵热水器系统流程图，图 1-36 给出了其控制方案示意图。

文献［101］分析了影响太阳能热泵利用率的因素，提出了一种全新的以提高太阳能热泵能源利用率为目的的运行控制策略。实验测试了太阳辐射量与蓄热水箱水温的关系，确定了开启热泵机组的太阳能辐射量临界值。通过实验，研究了环境温度与热泵机组能耗、运行时间及能源利用率之间的关系。热泵机组能耗与运行时间随着环境温度的升高而降低，而能源利用率随着环境温度的升高而增加，实验结果和理论分析能够较好吻合。建立了基于 BP 神经网络的 PSAHP（全称为 Parallel Solar-assisted Heat Pump）能源利用率预测模型，能够根据太阳辐射、环境温度和初始水温等参数的变化预测热泵机组的运行时间及能源利用率。

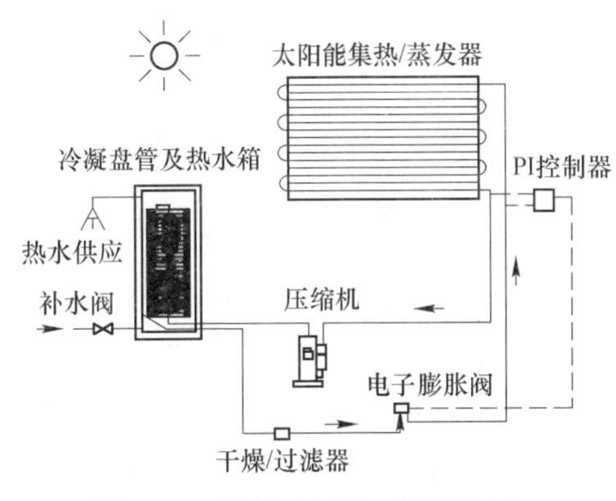

图 1-35 直膨式太阳能热泵热水器系统流程示意图

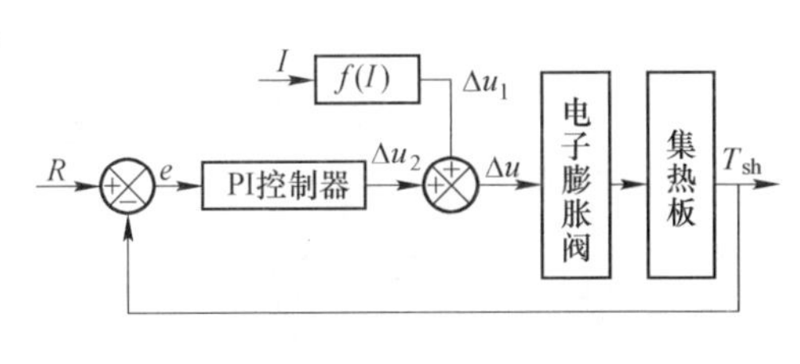

图 1-36 直膨式太阳能热泵热水器系统控制方案示意图

I—太阳辐射强度；R—集热板过热度给定值；T_{sh}—真实过热度；e—过热度偏差；$f(I)$—膨胀阀开度与太阳辐射强度的函数关系；Δu_1—太阳辐射决定的阀开度变化量；Δu_2—过热度决定的阀开度变化量；Δu—电子膨胀阀开度总变化量，$\Delta u=\Delta u_1+\Delta u_2$

针对热泵机组除霜等不确定因素，采用模糊系统对预测结果进行修正。图 1-37 给出了直膨式太阳能热泵热水器系统流程示意图。

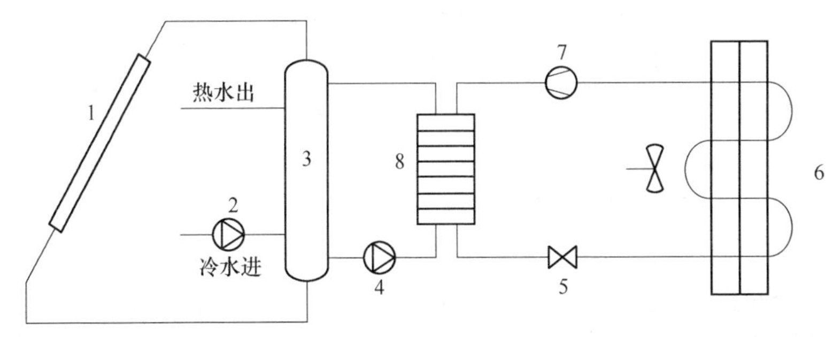

图 1-37 直膨式太阳能热泵热水器系统示意图

1—太阳集热器；2—太阳集热部分循环泵；3—蓄热水箱；4—热泵循环泵；5—节流阀；6—蒸发器；7—压缩机；8—冷凝器

文献［102］提出了一种新颖的太阳能辅助多功能热泵系统（SAMHPS），如图 1-38 所示。建立了系统稳态仿真模型，从理论上分析了新型 SAMHPS 核心功能模式——热泵热水器和太阳能辅助制热模式的高效节能效果。在热泵热水器模式下，冬季室外温度为 7℃时，150L 水从 10℃加热到 40℃的系统平均制热 *COP* 值在 2.2 左右；在太阳能辅助制热模式下，系统平均制热系数 *COP* 值在 3.1 以上。实验结果证实了新型 SAMHPS 各个功能模式相互转化的可行性和可靠性，同时也研究了在不同功能模式下，提高 SAMHPS 系统效率的各个关键因素。

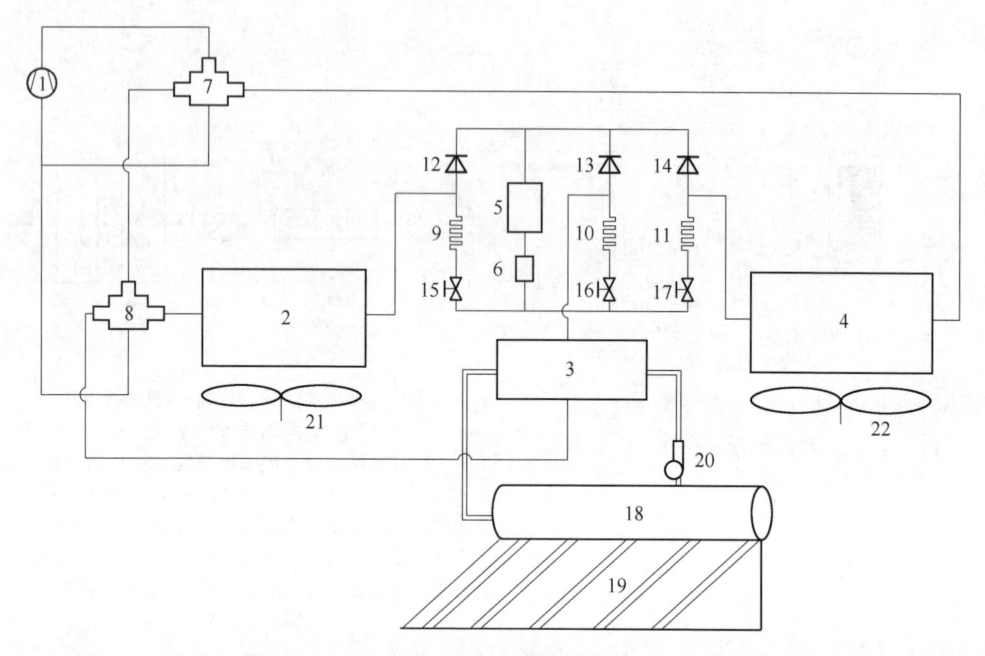

图 1-38　太阳能辅助多功能热泵系统

1—压缩机；2—室内换热器；3—板式换热器；4—室外换热器；5—高压储液罐；6—干燥过滤器；7，8—四通换向阀；9~11—节流元件（毛细管）；12~14—单向截止阀；15~17—电磁阀；18—水箱；19—太阳能集热器；20—热水泵；21，22—风机

文献［103］使用 TRNSYS 软件对太阳能热泵系统进行了模拟。通过改变系统部件参数和控制策略，以达到优化组件匹配、提高系统运行性能的目的。系统在 3 月、4 月和 10 月的保证率较高，可达到 85%以上；在 1 月和 12 月，太阳能保证率下降到 40%左右，整个采暖的保证率为 64%。太阳能直接供热时间占总供热时间的 56%，热泵运行时间占总供热时间的 27%，蓄热水箱直接供热时间占总供热时间的 14%。综合考虑各结构参数和运行参数对系统性能的影响，得到最优方案：集热器安装角度为 55°，集热器流量为 $40m^3/h$，蓄热水箱容量为 $60m^3/h$ 时，热泵额定制热量为 20kW。当集热器出口温度为 37℃时，太阳能开始直接供热，当达到 44℃时，蓄热与供热同时进行。

文献［104］采取实验和编写系统仿真模型相结合的方法，建立了直膨式太阳能热泵热水器样机（DXSAHPWH）的集总参数法模型，如图 1-39 所示。结果表明，仿真与实验结果吻合性好。建立了系统全年工作性能的数据库，在系统性能 *COP* 值和系统运行时间两个约束条件下，制定出 DXSAHPWH 运行策略。实验表明，在夏季晴天的工况下，DXSAHPWH 实验样机在 44~63min 内可将 150L 水从 25~29℃加热到 50℃，耗电量为 0.52~0.75kW · h，系统的 *COP* 值和集热因数分别为 6.71~8.21 和 1.29~1.85。

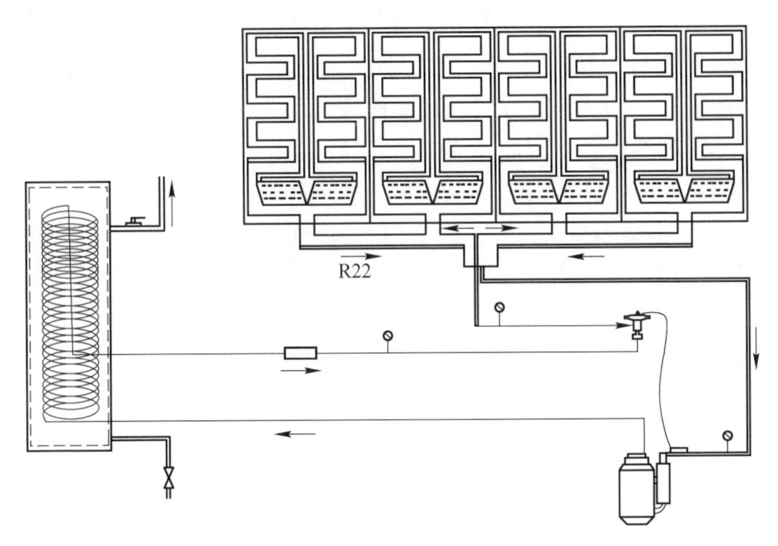

图 1-39 DXSAHPWH 的系统流程示意图

文献［105］建立了直膨式太阳能热泵热水系统集中参数动态仿真模型。针对当地典型运行工况，利用仿真方法分析了直膨式太阳能热泵热水系统的变容量运行特性。研究了压缩机运行频率的变化对系统性能的影响，提出了系统的变容量运行策略。在夏季适当降低压缩机运行频率既可明显提高系统性能，又不会使得耗时过长；冬季室外风速较大时，应适当提高压缩机运行频率，降低集热板温度，以保证集热器集热效率，缩短热水加热耗时。较低的压缩机运行频率下系统的变容量运行效果更为显著，一定程度上缓解了太阳能辐射的不稳定性对直膨式系统造成的影响。计算结果表明，集热器采用双管跨越式连接时，其内工质流动压降最为合理，此连接方式可应用于工程型直膨式太阳能热泵热水系统，从而实现系统中集热器的优化布置。图 1-40 给出了直膨式太阳能热泵热水系统原理图。

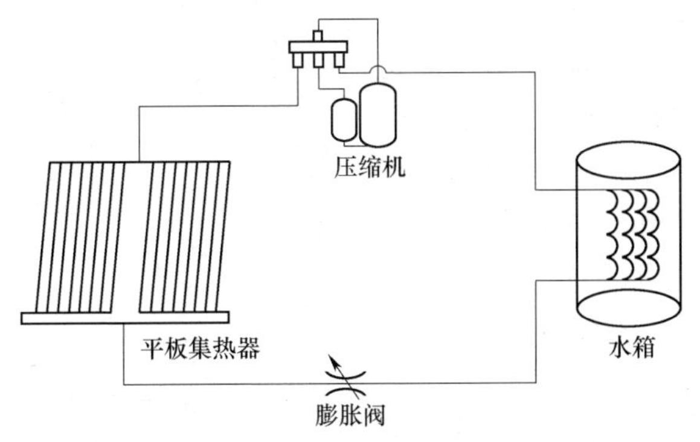

图 1-40 直膨式太阳能热泵热水系统原理图

余延顺等人[17]对太阳能热泵系统动态及静态运行工况进行了分析研究。以哈尔滨地区为例进行了模拟计算，当太阳能保证率为 0.60 时，太阳能热泵系统的总集热量由静态运行工况时的 1351MJ 提高到动态运行工况的 1756MJ，提高了 23.1%；同时集热器在整个采暖季节的平均集热效率也由静态工况的 0.51 提高到动态工况的 0.66，提高了 22.7%，并且热泵机组的月平均取热时间也由静态工况的 8.3h 提高到动态工况的 13h。因此，在相同取热量下，动态运行所需的集热器面积要比静态工况下小很多。图 1-41 给出了太阳能热泵系统原理图。

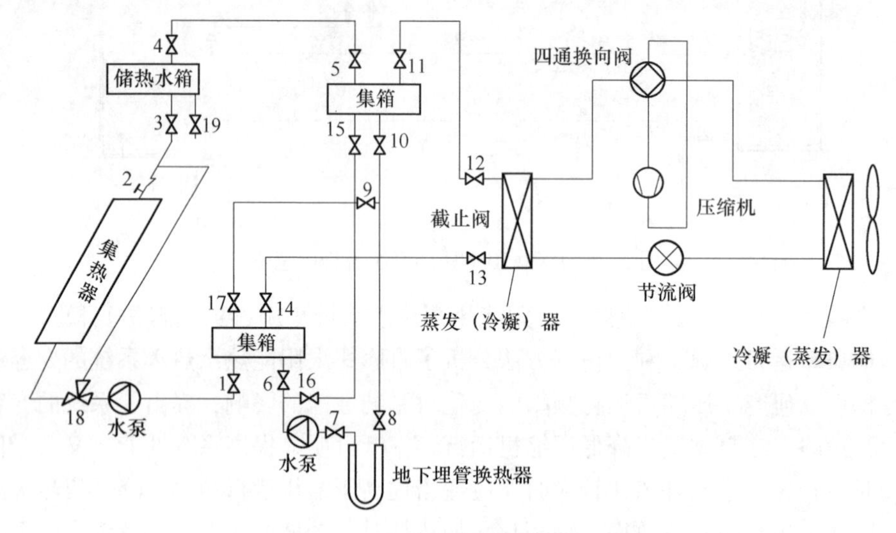

图 1-41　太阳能热泵系统原理图

1~17—截止阀；18—三通阀；19—止回阀

王怀彬等人[106]介绍了一种太阳能热泵实验装置，并对其供热性能进行了实验研究，如图 1-42 所示。应用数学分析方法，辅助实验数据，回归出了管板式平板太阳能集热器效率表达式。分析了影响系统供热性能的因素，主要受热泵工质工作压力、热泵冷凝温度、太阳辐射量和环境温度、风速、空气湿度等因素影响较大，并得出太阳能热泵 *COP* 值四月份平均值为 3.12，五月份平均值为 3.86。

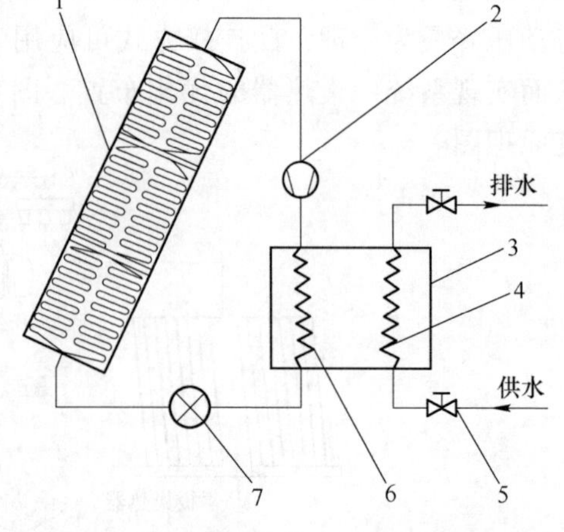

图 1-42　太阳能热泵供热系统实验原理图

1—太阳能集热器；2—热泵压缩机；3—蓄热水箱；4—铜管换热；5—阀门；6—冷凝器；7—节流装置

杨磊等人[107]提出了一种复合热源太阳能热泵供热系统，如图 1-43 所示。

通过阀门切换，可根据不同的天气状况改变运行模式，以空气和太阳辐射作为热源制取供暖用水。针对所设计的 10kW 供热系统，对热泵串联集热器（SC+HP）及集热器串联热泵（HP+SC）两种运行模式下的循环性能进行了模拟，计算了系统全年运行状况。模拟表明，在模拟进水温度区间内，HP+SC 模式下热泵 *COP* 值较高，最高比 SC+HP 模式高 2.58%；而 SC+HP 模式集热器热性能较好，总热效率更高，最高比 HP+SC 模式高 2.62%。

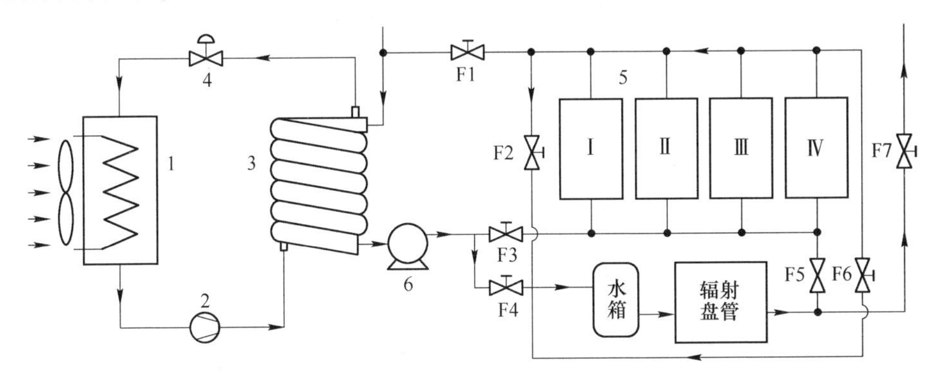

图 1-43 复合热源太阳能热泵系统示意图

1—风冷蒸发器；2—压缩机；3—套管冷凝器；4—节流阀；5—集热器；6—水泵

韩延民等人[108]建立了太阳能集热器非稳态数学模型，如图 1-44 所示。以工程实例为研究对象，借助于 TRNSYS 软件，分析了不同集热器类型、集热面积、水箱容积和水箱流量对太阳能集热系统性能的影响。对于特定供热量的集热系统，集热器类型与相应的集热器面积是保证系统热力指标的关键，优化设计可以减少投资，同时也提高了系统的综合性能。集热器和水箱的优化匹配设计有利于提高集热系统的能量转换效率。水箱的变流量系统设计可以比定流量系统提高 10%~20%的集热效率。

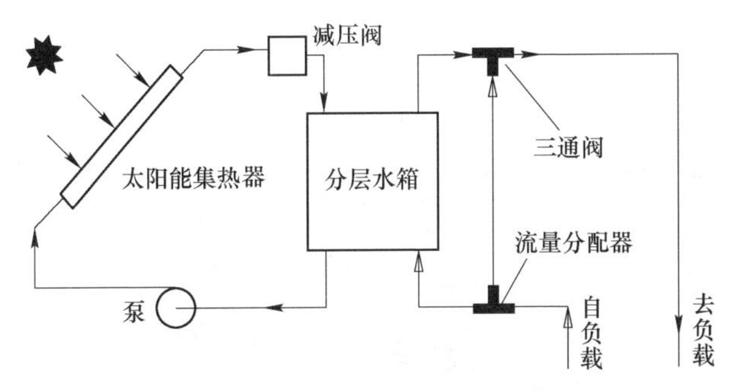

图 1-44 太阳能集热系统示意图

郑宏飞等人[109]对窄缝高真空平面玻璃进行了研究。主要是将两块普通平面玻璃之间的狭缝抽成高度真空。窄缝高真空平面玻璃具有比双层玻璃好得多的透明隔热性能，即使在太阳辐照强度较弱的地区，集热器的热性能也较为突出。在500～700W/m²的太阳光照强度范围内，真空玻璃作盖板的集热器温度能达到近140℃，比普通双层玻璃盖板的温度高15～20℃以上。真空玻璃盖板的隔热性明显优于普通平面玻璃，保证了集热器较高的热效率。吸热板温度随光照时间变化如图1-45所示。

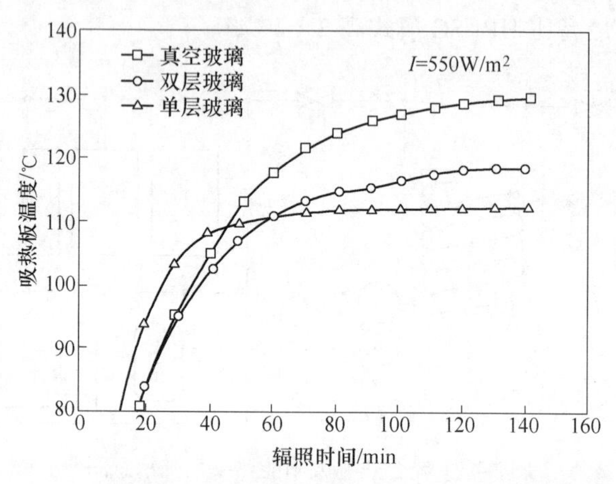

图1-45　吸热板温度随光照时间的变化

别玉等人[110]对平板型太阳集器瞬时效率方程及效率曲线进行了分析研究。结果表明，平板太阳集热器瞬时效率方程及曲线仅在表示形式上不同，而实质上是相互关联，且具有一致性的。

邓月超等人[111]采用数值模拟技术分析了太阳能平板式集热器内空气夹层与自然对流散热损失的关系。在其他参数相同条件下，分别采用不同空气夹层厚度，计算出自然对流散热损失。结果表明，当空气夹层厚度为3cm时，自然对流散热损失最小。图1-46给出了45°倾角下的对流换热系数随吸热板温度的变化。

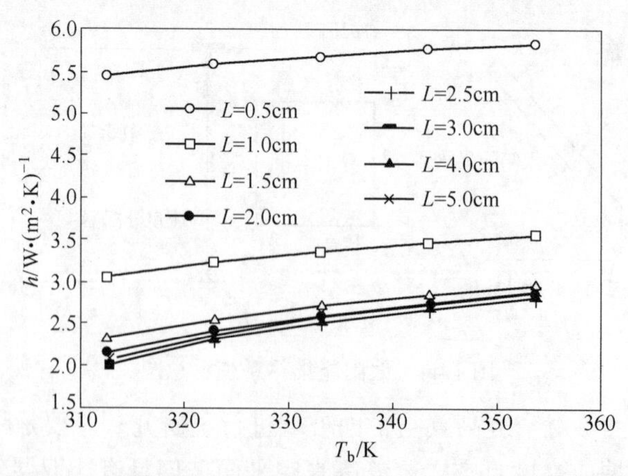

图1-46　45°倾角下的对流换热系数随吸热板温度的变化

丁刚等人[112]采用 CFD 方法对传统平板集热器内部的流场和温度场进行了模拟。发现集热器内存在流场和温度场不均匀现象，提出了改进方案，将传统集热器对角进出口改成多进出口。结果表明，在相同条件下，集热器的瞬时效率增加约 20%。集热器模拟与试验数据对比结果如图 1-47 所示。

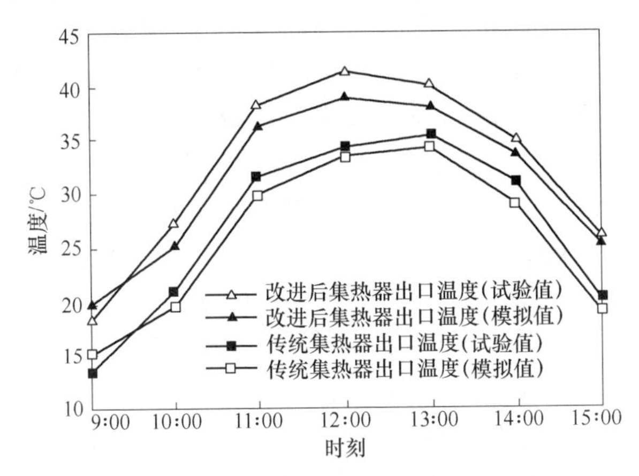

图 1-47 集热器模拟与试验数据对比结果

张涛等人[113]采用 Fluent 软件对全玻璃真空管太阳能热水器进行了数值模拟，分析热水器内流场与温度场的分布。结果表明，在真空管与热水箱连接处存在涡流，影响了换热效果，因此建议加装导流板，进而确定最佳导流板长度为 160cm。夏佰林等人[114]研究了折流板型平板空气集热器的热性能。通过对集热器损失系数、肋效率、空气流动等因素的分析，得出了集热器热效率方程。集热器结构如图 1-48 所示。

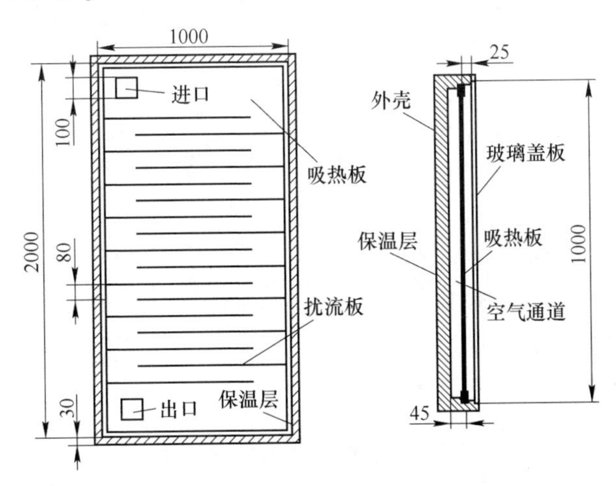

图 1-48 集热器结构示意图

袁颖利等人[115]研制了一种具有内插管结构的真空管太阳能空气集热器，该集热器整体热效率高，且总体热损系数小。任云锋等人[116]将复合抛物面聚光器（CPC）与热管平板式集热器相结合，研究了一种以平面形吸热板为接收器的CPC型空气集热器。

张东峰等人[117]开发了一种高效的太阳能空气集热器。面对市场上无高效平板空气集热器现状，研究人员通过Ansys软件和APDL计算机语言对太阳能平板空气集热器的结构参数进行优化，同时，考虑到市场现有材料外形与运输安装的实际情况。最终开发出最优尺寸为4.2m×2m×0.2m、面积为8.4m²的结构单元。

太阳能水箱作为太阳能热水系统的储热设备，在系统中具有能量储存和调节的功能，其储热性能直接影响着整个系统的运行。好的储热水箱不仅要满足热负荷要求，减少辅助加热量，还应能够降低集热器进口温度，提高太阳能集热效率。目前，国内外对太阳能储热水箱的研究主要集中在以下两方面：一是提高水箱内的水温分层，减少冷热水混合程度；二是为了实现分层加热，对储热水箱的构造设计改进。

蔡文玉[118]基于CFD模拟优化了一种新型太阳能分层加热储热水箱。利用Fluent软件对新型分层加热水箱进行正交模拟，并通过二维、三维模拟技术搭建实验平台，对模拟结果进行验证，解决了储热水箱的容积与合理利用电能之间的矛盾问题。同时减小了储热水箱内冷热水混合程度，减少了或者避免因为加热过多水量而造成热能浪费，提高了整个系统的效率。

陈丹丹[119]设计了一种新型分层换热储热装置，从而避免了传热工质直接进入储热水箱破坏其内部稳定的环境，提高了储热水箱温度分层效果。建立了太阳能集热、储热、供暖的实验系统，用完整的计算机数据采集和监控系统对实验数据进行了记录。针对水箱的进出水口处温度不同的储热介质产生的混合和扰动，以及水箱内部结构的优化设计等因素进行分析，建立了分层储热的换热水箱，并且将弹簧式的换热器换为可以提升温度分层效果的阿基米德螺旋线样式的新型结构，如图1-49所示。通过对分层换热储热水箱进行换热储热实验，得

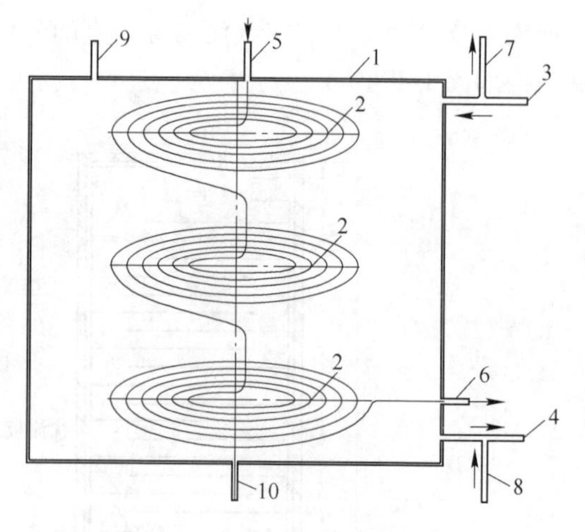

图1-49　分层换热水箱结构示意图

1—储热水箱；2—换热盘管；3—来自集热器的热水管进口的出口；4—去向集热器的水；5—换热盘管进水口；6—换热盘管出水口；7—去向用户的热水管出口；8—来自用户的低温水进口；9—排气阀；10—排污口

出了换热储热水箱上下层的温差最高可以达到26.7℃，在整个储热水箱的储热过程中，水箱内部都保持良好的温度分层，其上下层的温差范围在15~30℃之间，系统运行稳定。如果对储热水箱分层保温，可以提高水箱的保温性能，进而减小热损失，有助于水箱内部温度分层效果。

基于储热水箱温度分层是提高整个太阳能热水系统性能的关键因素，王智平等人[120]简述了可通过减小水的流速、改变水的流动方向、进口设计以及分层换热实现水箱温度分层；通过优化高径比、卧式分区来维持水箱温度分层，如图1-50所示。指出在储罐中加入散流器，目的是减小水的流速，同时减少水在进入储罐时的扰动，可提高储放热能力。在圆柱形储热水箱中最常用的两种散流器是八角形和径向圆盘形，在方形储热水箱中最常用的散流器有H型和水平连接条缝型。在储罐中加入挡板，目的是改变水的流程即流动方向，但是不同的位置又有所区别，安装在储罐进出口处的挡板既能改变水的流动方向，又可以减小进出口水流的扰动。安装在储罐内部挡板的主要作用是通过其形状和位置来形成并保持储罐内的温度分层，其中平板中心缺口的挡板取得的分层效果是最好的。改进储罐内部结构可使水箱获得较好的水温分层，从而提高系统性能。

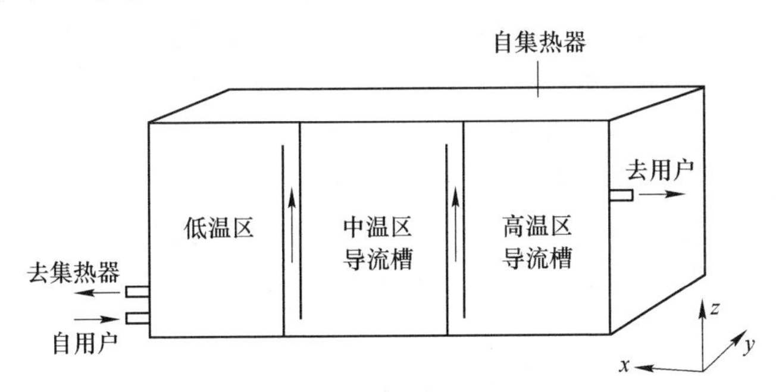

图1-50 卧式分区太阳能水箱结构示意图

张磊[121]利用CFD软件对水箱进行了网格划分及仿真模拟，与实验中的特定工况的数据进行对比，探索出一种用Fluent软件模拟水箱三维瞬时运行特性的方法，并使用此方法对容积相同的卧式与立式水箱的放水过程进行仿真模拟，分析水箱出入口同异侧问题，不同流速下的掺混、放水曲线及放热效率。通过实验研究了储热水箱在层流状态三种流速下的放水曲线，并得出放热效率是随着流速的增大而减小的。利用实验数据与CFD软件相结合的方式，说明在相同初始条件下，立式水箱内的冷热掺混程度比卧式水箱小，而立式水箱的温度分层度高；在同一个水箱中，出入口同侧水箱的掺混程度比异侧水箱小，同侧水箱的温度分层度高；相同起始温度，入口流速不用，同一类型水箱内最终放出的有用热量大致相同，放热效率基本一致，差别在5%之内，入口流速越大，水箱内的冷热掺混程度越大，温度分层度越低。

周志培[122]对太阳能储热供暖系统中太阳能储热水箱保温结构进行了研究。运用Fluent软件模拟分析了储热系统的可行性，比较了季节环境温度、保温材料厚度以及导热系数对水箱散热的影响。模拟结果表明，保温材料导热系数越低，保温效果越好，保温层越厚，保温效果越好。但当聚氨酯或苯板保温层厚度超过400mm时保温效果随厚度增加不明显。需要综合考虑保温效果、材料成本、施工可行性等因素来选择合适的保温材料和保温厚度。顶面保温层适当加厚可解决冬季地面温度低而水箱顶面散热量大的问题，并且保温效果的主导因素还是保温材料的性能，土壤湿度的影响基本可以忽略。图1-51给出了地下储热水箱示意图。

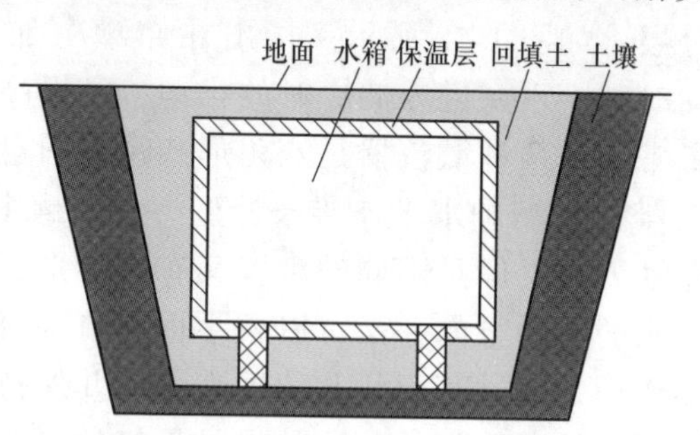

图1-51　地下储热水箱示意图

太阳能储热水箱的研究近几年逐渐受到学者的重视，针对储热水箱的专利研究也逐渐多了起来。2010年8月胡家军[123]申请通过了分体式太阳能储热水箱专利，将传统水箱用间隔板隔成两个储水空间，各储水空间均有独立的进水及排气系统，且各储水空间采用不同的集热管加热方式对冷凝水进行加热，也称为分体式太阳能储热水箱。由于具有两个储水空间，并且两水箱之间设置有单向阀，可根据需要选择性使用一个或者同时使用两个，对储热水箱进行加热供水，提高了加热速度，耗电大大降低。分体式储热水箱设计时，左右水箱采用不同的集热管加热方式进行加热，将集热管串联加热及并联加热方式的优点集于一身。

2015年1月张孝德[124]申请通过了自带换热介质的太阳能储热水箱专利。该项专利技术克服了现有技术的弊端，结构设计合理，天然硅胶橡塑管可将出水管与内胆内的水通过保温隔热套隔离，减小相互之间的热交换，盘管为陶瓷管，耐腐蚀性能好，使用寿命长，底部设置有感应探头，当污垢积累过多时能实现自动排污。2015年7月唐文学等人[125]申请通过了新型壁挂式太阳能储热水箱专利，克服了无法清晰地看到换热介质的缺陷，能清晰地看到换热介质灌液位的位置，避免注液时换热介质从注液口溢出。换热夹套中的液位到达或低于显示器的最低刻度线时，能及时添加换热介质，以及介质变质时能及时更换新的介质。

1.7.2　国外研究现状

在20世纪50年代，国外在太阳能热泵方面已经开始运用，太阳能热泵研究的专家 Jodan 和 Therkel 提出了太阳能热利用系统与热泵系统联合运行的思路，并指出这种组合系统在未来发展前景广阔。

Bengt[126]提出一种简化模型，进而对太阳能热泵系统进行仿真研究。通过多组标准性能测试实验，最终确定系统的四个性能参数，并与系统的实际运行参数相对比，从而验证了这种简化模型的准确性。Hawlader[127]指出压缩机转速、太阳能辐射强度、太阳能集热器面积、水箱容积对系统性能有很大的影响，而且保证负荷同压缩机转速之间的匹配也很重要。通过实验发现机转速为 1800r/min 时，*COP* 值达到 7.0；集热/蒸发器的负荷为 20kg，缩机转速为 1200r/min 时，*SMER* 值为 0.65，*COP* 值和 *SMER* 值随压缩机转速下降而减小。

Chyng[128]指出经过多年的实验研究，直膨式太阳能热泵系统的 *COP* 值主要保持在 1.7~2.5 之间，当系统运行时间在 4~8h 之间时，系统 *COP* 值大于 2。文献［129］建立了一种建筑供暖太阳能空气源热泵模型，研究发现太阳能辐射强度和集热器面积升高的时候，热泵机组 *COP* 值也随之增大，在空气源热泵系统中加入太阳能集热器后，热泵 *COP* 值相比之前增加，当太阳能集热器面积为 $20m^2$ 时，太阳辐射强度达到最大值；并且在典型晴天，太阳能集热器面积为 $40m^2$时，热泵 *COP* 值提高 11.22%，节能率为 24%，太阳能等效发电率可以达到 11.8%。

Mortaza[130]提出了一种双热源（太阳能、电能）的双蒸发器的热泵系统，系统包括发生器和吸收器换热设备、喷射-膨胀跨临界 CO_2循环系统、有机朗肯循环系统。通过研究表明，对于喷射-膨胀跨临界 CO_2循环系统蒸发温度为-25~-45℃，对于有机朗肯循环系统蒸发温度为 5~10℃是比较适合的。Gorozabel[131]指出当系统制冷剂从 R12 换成纯的 HFC 或混合 HCFC 时，直膨式太阳能热泵系统的热力性能发生改变。运用 REFPROP 程序对多种制冷剂的性能参数进行研究，得出各种制冷剂性能曲线。结果表明：在相同实验条件下，使用 R12 的太阳能热泵系统 *COP* 值比使用 R134a 的系统 *COP* 值高 2%~4%降低，混合制冷剂的 HCFC，如 R-407C 或 R-404A 的系统 *COP* 值更低。

Ehsan[132]利用 MOPSO（多目标优化算法）来优化计算两个目标函数：TAC（总成本）和系统 *COP* 值。优化分析了五种制冷剂工质：R123、R134a、R245fa、R407C 和 R22。优化结果表明：在 *TAC* 方面，R245fa 分别比 R123、R134a、R407C 和 R22 降低了 15.22%、21.28%、22.31%和 44.66%；在 *COP* 方面，R245fa 分别比 R123、R134a、R407C 和 R22 提高了 26.77%、30.92%、34.31%和 48.12%。

Kuang 等人[133]对间接膨胀式太阳能热泵系统进行了实验研究。该太阳能热泵系统借助平板集热器制取低温热水，再将集热器中流出的低温热水作为空气源热泵的热源，通过热泵循环从空气中进一步吸取热量，实现产生活热水的目的。研究表明，扩大吸热水箱的容积可以降低集热器和热泵的进口水温，从而提高集热器效率，集热器效率可达 67.2%。图 1-52 给出了系统原理、平板集热器和储热水箱示意图。

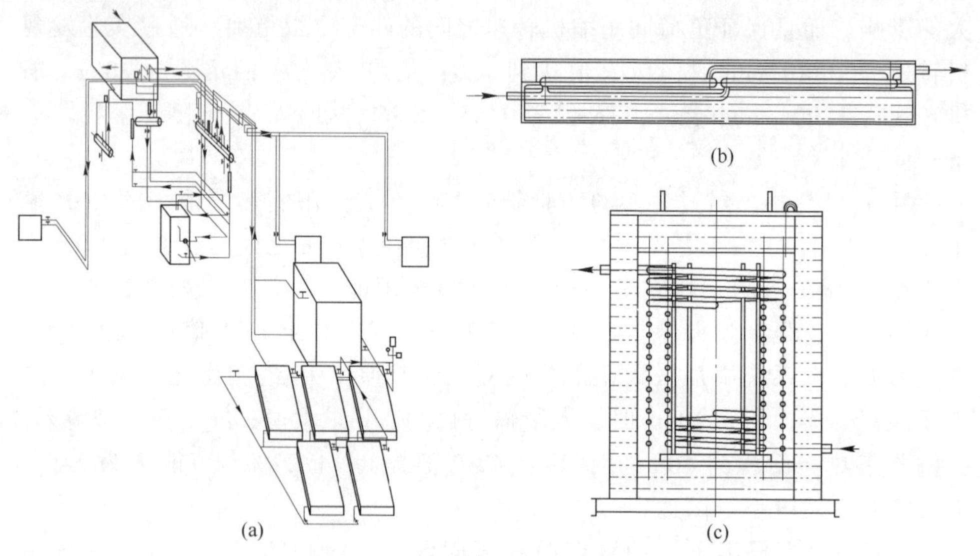

图 1-52 间接膨胀式太阳能热泵系统

（a）系统原理图；（b）平板集热器示意图；（c）储热水箱示意图

M. N. A. Hawlader 等人[134]对直膨式太阳能热泵热水系统进行了模拟研究。模拟结果用于优化系统设计和确定特定应用下压缩机耗功、太阳能保证率和辅助热源提供的能量。建立了整个系统的数学模型，并通过一系列数值试验来确定重要参数。模拟结果表明，集热器面积、压缩机转速、蓄热装置容量和太阳辐射强度是影响系统性能的主要因素。系统优化后，平均集热效率达到 75%。系统经济性分析表明，系统的最小回收期为 2 年。

Viorel Badescu[135]建立了一种灵敏蓄热装置（TES）的数学模型，将灵敏蓄热装置与整个采暖系统整合，并划分了两个主要运行模式。模拟结果表明，小尺寸的 TES 装置比大尺寸的 TES 装置向蒸发器提供的热流要大，因此小尺寸的蓄热设备在热负荷较大时放热更迅速。热泵的 *COP* 值和效率都随着 TES 尺寸的增大而降低。TES 装置确保了所收集太阳能的高效利用率，且随着 TES 装置长度增加，装置每月储热量和驱动热泵压缩机每月所需的功量也会升高。图 1-53 给出了 TES 装置示意图。

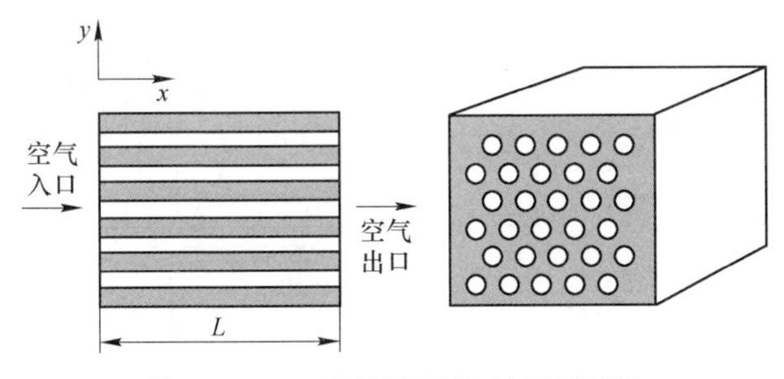

图 1-53 TES 装置示意图（放热阶段）

F. B. Gorozabel Chata 等人[136]对使用不同制冷剂的直膨式太阳能热泵系统进行了性能分析，如图 1-54 所示。表明系统的 *COP* 值取决于使用的制冷剂，并分别确定了系统在使用各种制冷剂时的系统 *COP* 值。针对两种集热器，以图解的方式给出了系统在使用各种制冷剂时集热器面积和热泵压缩机排气量的计算方法。

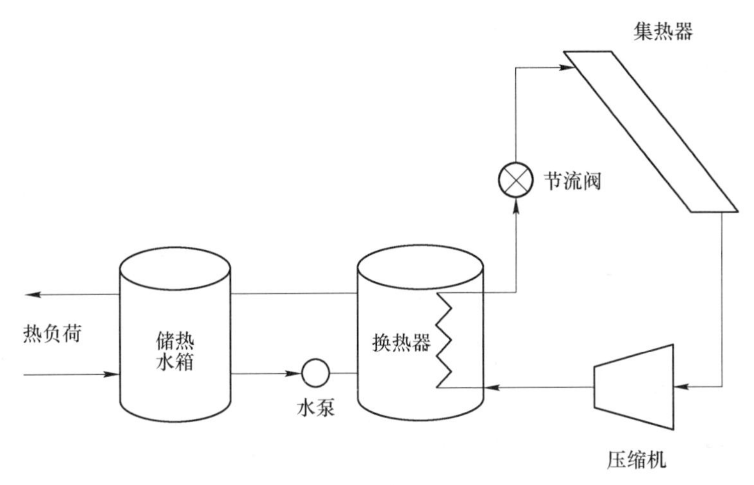

图 1-54 直膨式太阳能热泵系统原理图

A. Ucar 等人[137]利用 Ansys 有限元软件对不同地区的季节性太阳能供热系统的热性能和经济可行性进行了模拟研究。此系统由太阳能平板集热器、热泵机组和储热罐等部件组成。不同蓄热模型表明，蓄热罐容积和集热器面积对系统热性能和经济性的影响。图 1-55 给出了季节性太阳能供热系统原理图。

通过数值模拟，F. Scarpa 等人[138]对燃气锅炉作为辅助热源的直膨式系统与传统的平板集热器的太阳能低温热水系统进行了对比。结果表明，燃气锅炉作为辅助热源的直膨式系统是平板集热器的太阳能低温热水系统的 2 倍。图 1-56 给出了太阳能辅助热泵系统原理图。

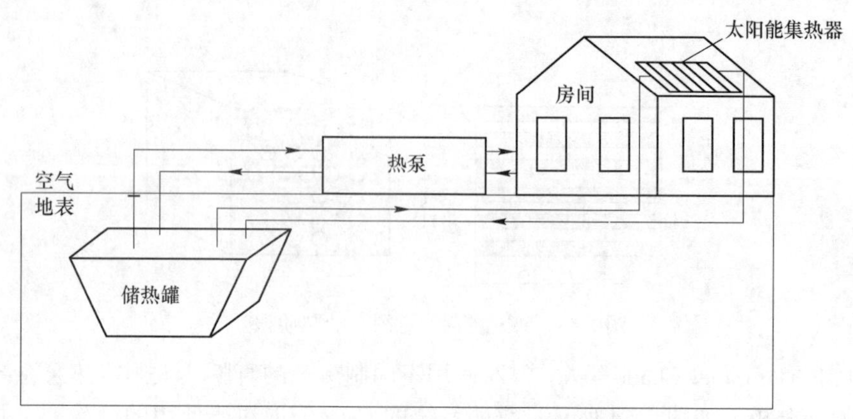

图 1-55　季节性太阳能供热系统原理图

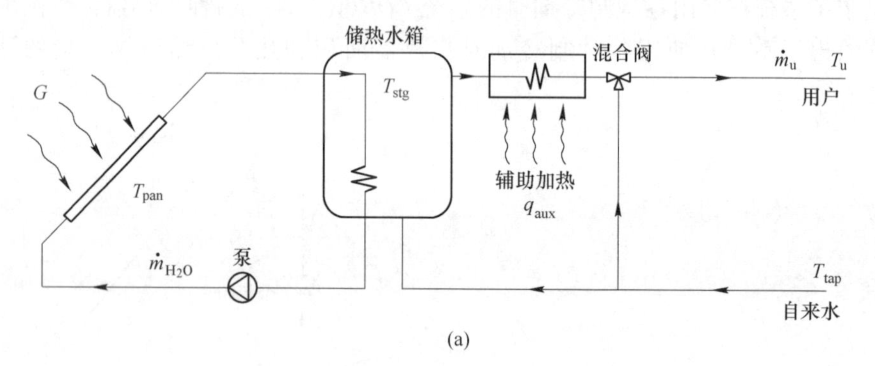

(a)

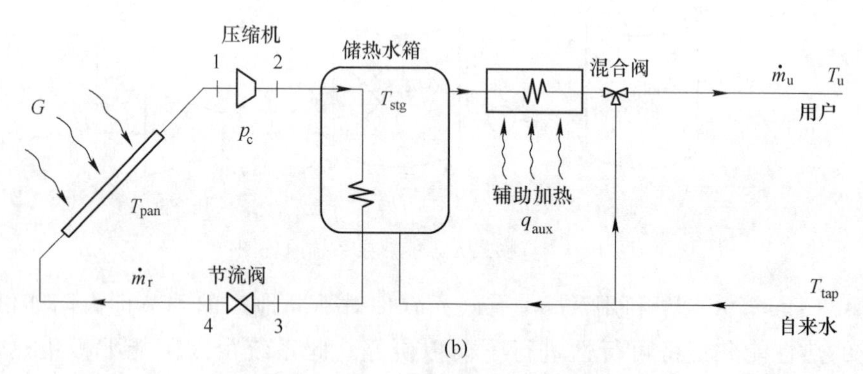

(b)

图 1-56　太阳能辅助热泵系统原理图

（a）传统型 TSP 系统；（b）新型 ISAHPS 系统

T_{tap}—自来水温度；T_u—用户热水温度；T_{pan}—集热器温度；G—太阳辐射能；T_{stg}—储热水箱温度；q_{aux}—热流率；P_c—压缩机压力；$\dot{m}_u$—用户热水质量流率；$\dot{m}_r$—制冷剂质量流率

Kadir Bakirci 等人[139]研究了带有蓄能装置的太阳能热泵系统的运行性能。实验系统由平板集热器、蓄热水箱、水-水板式换热器、水-水蒸气压缩式热泵、循环水泵以及相应的测量装置组成。实验运行时间由 1 月至 4 月，室外温度范围为-10.8~14.6℃。实验结果表明，平板集热器的集热效率为33%~47%，热泵机组和整个系统的*COP*值分别为3.8和2.9。

国外的研究重点主要是放在了太阳能水箱内部温度分层的优化上，通过优化温度分层提高整个供热系统的效率。Rosen[140]通过实验说明冷水与热水的混合是导致分层程度降低主要的原因，在长期的存储过程中会产生显著的混合热损，并得出立式水箱的性能要比卧式水箱的好。虽然立式水箱的高度能够帮助温度分层的保持，但是由于实用性不强，卧式水箱的占有率仍未减少。Ghaddar[141]等人针对水温分层研究，对比了储热水箱在水温理想分层与冷热水完全混合两种情况下的储热性能，得出水温理想分层的水箱的储热效率比完全混合的水箱高6%，整个太阳能热水系统的工作效率提高了20%。Knudsen[142]指出在小型太阳能热水系统中，若水箱底部40%的水是混合不分层的，则热水系统的太阳能净用率降低10%~16%。Castell等人[143]通过实验讨论了水箱在几种不同流速的放水过程中的温度分层特性，并且用一些无量纲参数研究水箱的温度分布，提出了适用于描述温度分层的无量纲参数；同时研究了立式水箱中有相变材料与无相变材料的温度分布规律。Madhlopa等人[144]讨论了水箱之间的连接对温度分层的影响。研究对象是一个有着两个卧式水箱的太阳能热水器。在比较了水温变化、集热效率和夜间热损失等参数后，得出了一种对于温度分层最有效的连接方式。

A. M. EL-SAWI等人[145]利用连续折叠技术在太阳能收集装置中制造人字形花纹折叠结构，如图1-57所示。与平板型及V形槽式集热器的传热性能相比较，其传热性能提高了20%，热水出口温度提高了10℃。

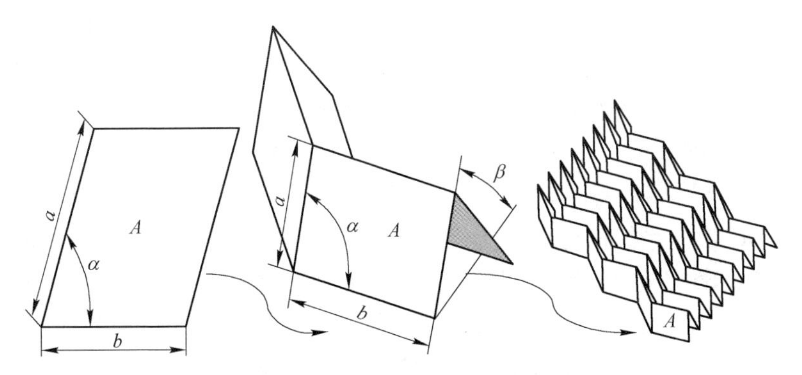

图1-57　人字形花纹折叠型集热器

A. C. Mintsa Do Ango等人[146]运用数值模拟的方法对聚合式平板式太阳能集热器性能进行了优化。通过对多种影响因素如空气层厚度、入口温度、太阳辐射强度、管长等进行分析。结果表明，增加管长并不能提高集热器热效率；当空气层厚度为10mm时，聚合式平板式太阳能集热器热效率得到很大提高；提高流速也能提高集热器热效率。

Daniel Real 等人[147]对一种新型非聚光太阳能集热器进行了研究。为提高集热器热效率、流体出口温度，采用了最新吸热材料、新型结构技术以及优质高真空绝缘技术。在太阳辐射强度为 1000W/m^{2}条件下，集热器的流体出口温度达到 240℃，热效率为 49%。这种非聚光型集热器，当流体出口温度在 240～260℃范围内时，可以广泛应用于工业生产当中，如电站蒸气发电、催化反应等。

1.8　太阳能热泵系统经济性分析

能源和环保问题越来越成为人们所关注的焦点，加上近年来可持续发展理论的提出，太阳能热泵技术成为能源领域的热点，它以高效节能、环境污染小、运行稳定可靠等优点为节能和环保提出了一个新的发展方向。然而由于太阳能热泵受初投资、年运行费用以及投资回收年限等经济性因素的影响，加上目前对地源热泵系统的应用研究、分析不够完善，在很大程度上制约了太阳能热泵技术的发展。为了推广和应用此项技术，需要对太阳能热泵系统进行技术经济评价，进而通过评价结果确定最优方案，国内外不少学者对此做了深入研究。

Chaturvedi 等人[148]利用生命周期成本方法对直膨式太阳能辅助热泵（DX-SAHP）进行了热经济性分析。模拟结果表明，DX-SAHP 要比传统的电力驱动设备在节能和经济性方面都具有优势，结果还表明生命周期最小成本可以通过优化太阳能集热器面积和压缩机排量获得。

Fadhel 等人[149]对太阳能辅助热泵干燥装置进行了研究。研究结果表明，该装置在降低成本和提高干燥质量方面具有优势。同时，该热泵装置的使用也减小了以往对化石燃料的过度依赖性。Chow 等人[150]通过室内游泳池的空间和水加热需求对太阳能辅助热泵（SAHP）进行了研究。基于 TRNSYS 软件，对冬季运行工况下太阳能热泵特性进行了模拟。结果表明，与传统的用能方案相比，太阳能热泵系统的 *COP* 值可以达到 4.5，节能系数为 79%，成本回收周期少于 5 年。

Chen 等人[151]对一种可以同时满足采暖和提供生活热水的太阳能辅助地源热泵（SAGCHP）系统进行了性能分析。基于 TRNSYS 软件，研究了太阳能集热器面积对系统性能的影响。结果表明，联合用能系统中太阳能供热比例高达 75%，优化后系统能量平衡误差在 0.75%以内。基于仿真程序的最优变量识别方法和系统的投资回收期，Rahman 等人[152]对太阳能热泵系统经济性进行了分析。分析表明，在使用周期中系统有足够收益，并且最短回收期可达 4 年。

基于 0.7MW 的供热功率评价标准，李耿华等人[153]对太阳能热泵、燃油锅炉、燃气锅炉和电加热锅炉 4 种供热系统进行了初投资、运行费用、燃料价格等因素的综合技术经济分析与评价。结果表明，太阳能热泵供热系统的综合效果最好。基于有限时间热力学理论和集热器线性热损失模型，文献［154］建立了太阳能热泵供暖系统的热力学模型，并对该系统进行了热经济性分析。研究在给定供热率和初投资的约束条件下，以系统的供热系数 *COP* 作为热经济性目标函数，得出了在目标函数取最大值时系统最佳的运行性能系数和设计参数。

杨婷婷等人[155]计算了直膨式太阳能辅助热泵热水器、空气源热泵热水器、太阳能热水器、电热水器和燃气热水器的运行能耗。分析了直膨式太阳能辅助热泵热水器的市场潜力、经济性以及社会效益。结果表明，直膨式太阳能辅助热泵热水器能耗最小，运行费仅为电热水器的 1/3、燃气热水器的 1/2、空气源热泵热水器的 4/5；与电热水器相比，使用直膨式太阳能辅助热泵热水器，用户年均运行费可减少约 1500 元，2 年左右即可回收额外的初投资。

基于模糊数学的综合评价方法，文献［156］对几种用能方案进行了分析。几种用能方案分别是：太阳能+地源热泵联合循环；溴化锂吸收式直燃机组；冷水机组+燃油热水锅炉；冷水机组+ 燃气热水锅炉和冷水机组+电锅炉。评判结果表明，太阳能+地源热泵联合循环为最优方案，其他 4 种评估方案比分极为接近，说明它们之间节能和环保优势并不明显。

文献［157］介绍了不同太阳能保证率时太阳能热泵和电锅炉联合运行系统的节能效益分析。分析了太阳能热泵节省的节能费用，太阳能热泵应用在供暖系统中所增加的初投资的回收年限，太阳能热泵应用在供暖系统时减少的 CO_2 的排放量，对太阳能热泵和电锅炉联合供暖系统与电锅炉单独供暖系统的热价进行了比较。并用层次分析-模糊综合评价方法对不同太阳能保证率下供热系统进行了综合评价，计算得出太阳能集热器面积按 30%负荷选取时的综合评价最优。

李丽等人[158]针对目前供热模式经济评价方法的弊端，利用模糊数学提出了一种新的优化供热模式的方法——模糊评价法。以某小区供热为例，通过建立城市供热可持续发展模式评价指标体系，将模糊数学的方法应用到城市供热模式的可持续性研究中，明确评价指标的量化方法，为科学、合理地选择供暖方案提供了有效的方法。

唐志华[159]建立地源热泵系统模糊综合评判优选模型。以长沙市某公共建筑地源热泵应用项目为例，利用已建立的模型，根据模糊数学原理，对地下水、地表水、地埋管、污水等几种地源热泵系统方案进行了模糊综合评判，得出相对的最优方案。最后重点分析了初投资费用和年运行费用的隶属度变化对评判结果的影响，并给出其他几个影响因素的隶属度对评判结果的影响。研究发现，各因素隶属度的变化都将引起模糊评判系数的变化，且其变化程度视该影响因素的权重以及在各方案中该影响因素隶属度的取值不同而不同。

吴艳菊[160]分析了影响地表水源热泵应用的因素，进行了评价指标的筛选，然后建立了适宜性评价体系。该评价体系在分析我国地表水体分布情况的基础上，结合水源热泵机组的特点进行了相应的水质分级，然后利用模糊数学理论，建立多因素、多指标的评价体系；并利用层次分析法确定了评价指标的权重，建立了完整的评价方法和体系。该评价体系既可用于具体工程的评价，还可用于区域性规划。以重庆地区某工程的湖水源热泵系统为例，利用评价体系对该项目的适宜性等级进行了分析，得到了评价结果。

单绪宝[161]将 AHP-模糊综合评价法确定为评价方法，把定性分析与定量分析有机结合起来，对全生命周期土壤源热泵应用技术进行综合评价；然后采用层次分析法，通过专家打分法来构造判断矩阵，并进行分析计算，确定全生命周期土壤源热泵技术评价各指标的权重系数；最后针对北京地区某典型办公建筑进行全生命周期土壤源热泵技术评价，利用 TRNSYS 软件模拟某办公楼土壤源热泵系统运行情况及能耗，以及相同条件下常规空调系统（冷水机组+燃气锅炉）的能耗情况。

运用模糊多目标综合评判方法，李冰[162]从技术性、经济性、安全性、维修性和环保性等五方面对天然气驱动 VM 循环热泵的综合性能进行了模糊综合评价。得出其环保性突出、安全性和维修性较好、技术性属中等水平，但经济性中等偏下的结论。

石红柳[163]采取了模糊评判法对 4 种不同的采暖方式进行了综合评价。利用层次分析法将定性因素定量化，确定出不同评价指标的权重向量；然后利用模糊评判法分别计算出各评价指标的优度，做出最后的评判结果。当环境影响、经济性和能耗量作为评判指标时，热电联产集中供暖性能最优，普通双制式空调性能最差。

谢海辉[164]建立了空气源热泵热水器绿色度综合评价的层次分析模型。运用可拓层次分析法，建立了空气源热泵热水器可拓区间判断矩阵，并运用模糊综合评判方法对空气源热泵热水器进行绿色度模糊综合评价。建立了层次分析模型最底层评价指标的隶属度和隶属矩阵，得到了空气源热泵热水器的绿色度综合评价的最终结果。在此基础上，开发了一套基于模糊可拓层次分析法的空气源热泵热水器绿色度综合评价原型系统，为提高空气源热泵热水器性能提供依据。

Bing Wei 等人[165]采用模糊综合评判方法分别对 7 种不同供暖方案进行分析和评价。模拟计算表明，供热方案优度排名为：联合供热供电>燃气锅炉>水源热泵>燃煤锅炉>地源热泵>太阳能热泵>燃油锅炉>燃油锅炉，为选择最优供暖方案提供了有效依据。

Hikmet 等人[166]分别对地源–空气源热泵建立人工神经网络系统模型（ANN）和自适应神经模糊推理系统模型（ANFIS），并进行对比分析。结果表明，ANN 模型隐单元层的最优算法和神经元数目分别是 LM 算法和 7，均方根值和变异系数分别是 0.0100 和 0.2862；ANFIS 模型的最合适隶属函数和隶属函数的数量分别是高斯算法和 2，均方根值和变异系数分别是 0.0047 和 0.1363。比较得出，自适应神经模糊推理系统（ANFIS）更适用于地源–空气源热泵定量模型。

C. P. Underwood[167]提出一种新的多变量模糊原理控制系统，对变速压缩机驱动的热泵容量和蒸发器过热度进行研究，并建立热量模型对实验数据进行验证。结果表明，良好的加热温度和蒸发过热度的控制可以将热泵系统性能提高20%。Sangmin Cho 等人[168]采用模糊层次分析法对 6 种不同采暖设施进行了评价，分别将利润、投资成本及风险等作为评价指标，通过专家打分法来构造判断矩阵，并进行分析计算。计算结果表明，地源热泵优度最高，是采暖设施的最佳选择，但其初投资成本也最高。

1.9 小结

我国一次能源日益枯竭的现状已经不容忽视，在我国一次能源的消费中，煤炭的消费比重较大，而清洁能源的消费比例明显不足。作为清洁能源的核能和可再生能源的太阳能、风能等受技术和资金限制发展缓慢，在社会能源使用中占据比例很低，太阳能的巨大潜力还没有发挥出来。

传统的北方冬季供暖、南方夏季制冷，到现在北方冬季不仅供暖、夏季还要制冷；南方夏季不仅制冷、冬季还要供暖。在社会总能耗中建筑能耗所占的比重正在逐年增大，所占比重已经达到社会总能耗的 1/3，所以对降低建筑能耗问题的研究潜力巨大。传统小容量锅炉供暖形式包括现在的集中供热形式普遍存在热效率低、污染严重等问题，只是集中供热形式的弊端往往被人们忽视。未来用能形式究竟采用哪种方案更加科学、合理，这也是广大能源工作者一直在研究和探讨的问题。

常规太阳能热水器在与太阳能热泵热水器获得等量热水的情况下，投资较高、占地面积较大，而太阳能热泵热水器占地面积较小、效率更高。因此开发高效的太阳能热泵热水器，对于开发太阳能的巨大潜力具有重大意义。

参 考 文 献

[1] 刘万福，马一太．地球生命系统与可持续发展 [J]．天津大学学报，2004，37 (4)：336~340.

[2] 周然．新型轻薄热水采暖地板构造的理论与实践研究 [D]．北京：北京建筑工程学院，2008.

[3] 倪维斗．我国的能源现状与战略对策 [J]．科技日报，2008，49 (2)：1~5.

[4] BP 世界能源统计 2012 [Z]．BP Amoco (英国石油公司)，2013.

[5] 中国石油天然气集团公司．中国石油天然气集团公司年鉴 [M]．北京：石油工业出版社，2004.

[6] 恩格斯. 自然辩证法 [M]．于光远，等译．北京：人民出版社，1984.

[7] 蕾切尔·卡逊，寂静的春天 [M]．吕瑞兰，等译．长春：吉林人民出版社，1997.

[8] 丹尼斯·米都斯．增长的极限［M］．长春：吉林人民出版社，1998.
[9] 沃德·杜博斯．只有一个地球［M］．长春：吉林人民出版社，1997.
[10] 布朗．一个可持续发展的社会［M］．北京：中国环境科学出版社，1998.
[11] 联合国环境与发展大会—21世纪议程［M］．北京：中国环境科学出版社，1993.
[12] David W. Fahey. Ozone Depletion and Global Warming: Advancing the Science [C] //Tenth International Refrigeration and Air Conditioning Conference Sevententh International Compressor Engineering Conference, Purdue University, 2004, 7.
[13] 刘圣春．超临界CO_2流体特性及跨临界循环系统的研究［D］．天津：天津大学，2006.
[14] 王如竹．制冷学科进展研究与发展报告［R］．北京：科学出版社，2007.
[15] Lorentzen G. The use of natural refrigerants: a complete solution to the CFC/HCFC predicament [J]. International Journal of Refrigeration, 1995, 18 (3): 190~197.
[16] Lorentzen G. Revival of carbon dioxide as a refrigerant [J]. International Journal of Refrigeration, 1994, 17 (5): 292~301.
[17] 余延顺，马最良．太阳能热泵系统运行工况模拟研究［J］．流体机械，2004，32（5）：65~69.
[18] 赵军，刘立平，李丽新．R134a应用于直接膨胀式太阳能热泵系统［J］．天津大学学报，2000，33（3）：301~305.
[19] 李智，刘骥，虞维平．双热源型太阳能热泵夏/冬两季的节能运行分析［J］．制冷空调与电力机械，2008，15（3）：32~34.
[20] Huang B J, Chyng J P. Performance characteristic of integral type solar-assisted heat pump [J]. Solar Energy, 2001, 71 (6): 403~414.
[21] Cervantes J G, Torres-Reyes E. Experiments on a solar-assisted heat pump and an exergy analysis of the system [J]. Applied Thermal Engineering, 2002, 22 (12): 1289~1297.
[22] http://www.escn.com.cn/news/show-124350.html.
[23] http://3y.uu456.com/bp-3ebeead119sf312b3169asac-1.html.
[24] He Jiang, Yao Dong, Jianzhou Wang, et al. Intelligent optimization models based on hard-ridge penalty and RBF for forecasting global solar radiation [J]. Energy Conversion and Management, 2015 (95): 42~58.
[25] http://www.appliance magazine.com/euro/editorial.php? article=397&zone=102.
[26] Masaya Tadano, Toshiyuki Ebara, et al. Development of the CO_2 hermetic compressor [C] //The proceedings of the 4th IIR-Gustav Lorentzen Conference on Natural Working Fluids, Purdue, 2000: 323~330.
[27] Tadashi Yanagisawa, Mitsuhiro Fukuta, et al. Basic operating characteristics of reciprocating compressor for CO_2 cycle [C] //4th IIR-Gustav Lorentzen Conference on Natural Working Fluids, Purdue, 2000: 331~338.
[28] Xinmo Li, Ainong Geng, et al. Research on the Rotating Cylinder Compressor Used in Room Air Conditioner [C] // The 5th International Conference on Compressor and Refrigeration, Xi'an Jiaotong University, 2005: 57~63.

[29] YinRen Lee, WenFang Wu. On the profile design of a scroll compressor [J]. International Journal of Refrigeration, 1995, 18 (5): 308~317.

[30] Hiroshi Hasegawa, Mitsuhiro Ikoma, et al. Experimental and theoretical study of hermetic CO_2 scroll compressor [C] //The proceedings of the 4th IIR－Gustav Lorentzen Conference on Natural Working Fluids, Purdue, 2000: 347~353.

[31] Yuan M A, Yanan Gan, Xueyuan PENG, et al. Modeling of a reciprocating compressor for transcritical CO_2 heat pumps [C] //The Proceedings of the 22nd International Congress of Refrigeration, Beijing, 2007, 1~8.

[32] 曾宪阳. CO_2跨临界循环滚动活塞膨胀机和涡旋压缩机的研究 [D]. 天津: 天津大学, 2006.

[33] Chen Y, Gu J. Non-adiabatic capillary tube flow of carbon dioxide in a novel refrigeration cycle [J]. Applied Thermal Engineering, 2005 (25): 1670~1683.

[34] Hongli Wang, Ning Jia, Qilong Tang, et al. Performance analysis of refrigerants R1234yf two stage compression cycle with a throttle valve and an expander [J]. Advanced Materials Research, 2013 (753~755): 2774~2777.

[35] Maurer T, Zinn T. Experimental Untersuchung von Entspannungsmaschinen mit mechanischer Leistungs auskopplung fuer die transkritische CO_2-Kaeltemaschine [J]. DKV Tagungsbericht Berlin, 1999, 26 (1): 304~318.

[36] Tondell E. Impulse expander for CO_2 [C] //The 7th IIR－Gustav Lorentzen Conference on Natural Working Fluids, Trondheim, Norway, 2006: 107~110.

[37] Robinson D M, Groll E A. Efficiencies of transcritical CO_2 cycles with and without an expansion turbine [J]. International Journal of Refrigeration, 1998, 21 (7): 577~589.

[38] Fagerli B. Feasibility study of using centrifugal compressor and expander in a car conditioner working with carbon dioxide as refrigerant [J]. ACRC, CR-23.

[39] 查世彤. CO_2跨临界循环膨胀机的研究与开发 [D]. 天津: 天津大学, 2002.

[40] 张美兰, 马一太, 李敏霞, 等. CO_2双缸滚动活塞膨胀机模拟及实验研究 [J]. 工程热物理学报, 2013, 34 (1): 36~39.

[41] 李敏霞. CO_2跨临界循环转子式膨胀机的分析与试验研究 [D]. 天津: 天津大学, 2003.

[42] 马一太, 王洪利, 曾宪阳. CO_2跨临界循环滚动活塞膨胀机有限元分析 [J]. 太阳能学报, 2008, 29 (4): 383~390.

[43] Pettersen J, Hafner A, Skaugen G. Development of compact heat exchangers for CO_2 air-conditioning systems [J]. International Journal of Refrigeration, 1998, 21 (3): 180~193.

[44] Skaugen G, Neksa P, Pettersen J. Simulation of transcritical CO2 vapor compression systems [C] //Preliminary Proceedings of the 5th IIR－Gustav Lorentzen Conference on Natural Working Fluids, Guangzhou, 2002: 68~75.

[45] Hwang Yunho, Radermacher Reinhard. Theoretical evaluation of carbon dioxide refrigeration cycle [J]. International Journal of HVAC & Refrigeration Research, 1998, 4 (3):

245~263.

[46] Hongsheng Liu, Jiangping Chen, Zhijiu Chen. Experimental investigation of a CO_2 automotive air conditioner [J]. International Journal of Refrigeration, 2005 (28): 1293~1301.

[47] Pfafferott Torge, Schmitz Gerhard. Modeling and transient simulation of CO_2-refrigeration systems with Modelica [J]. International Journal of Refrigeration, 2004, 27 (1): 42~52.

[48] Man-Hoe Kim, Jostein Pettersen, Clark W. Bullard. Fundamental process and system design issues in CO_2 vapor compression systems [J]. Progress in Energy and Combustion Science, 2004 (30): 119~174.

[49] Man-Hoe Kim, Clark W. Bullard. Development of a microchannel evaporator model for a CO_2 air-conditioning system [J]. Energy, 2001 (26): 931~948.

[50] Honggi Cho, Keumnam Cho, Baek Youn, Jeunghoon Kim. An experimental study on the performance evaluation of prototype microchannel evaporators for the residential air-conditioning application [C] //The 3rd Asian Conference on Refrigeration and Air-conditioning, Gyeongju, 2006: 157~160.

[51] Rin Yun, Yongchan Kim, Chasik Park. Numerical analysis on a microchannel evaporator designedfor CO_2 air-conditioning systems [J]. Applied Thermal Engineering, 2007 (27): 1320~1326.

[52] Guoliang Ding, Zhiguang Wu, Huifang Long. Simulation system for fin-and-tube heat exchanger based on graph theory, database and visualization technology [C] //The 3rd Asian Conference on Refrigeration and Air-conditioning, Gyeongju, 2006: 153~156.

[53] 杨俊兰．CO_2跨临界循环系统及换热理论分析与试验研究 [D]．天津：天津大学，2005.

[54] White S D, Yarrall M G, Cleland D J, Hedley R A. Modeling the performance of a transcritical CO_2 heat pumpfor high temperature heating [J]. International Journal of Refrigeration, 2002 (25): 479~486.

[55] Xianyang Zeng, Yitai Ma, Shengchun Liu, Hongli Wang. Testing and analyzing on P-V diagram of CO_2 rolling piston expander. [C] //Proceedings of the 22nd International Congress of Refrigeration, Beijing, 2007: 1~9.

[56] Li Minxia, Ma Yitai, Ma Lirong, et al. Experimental Comparison on Performance Characteristics of Two Carbon Dioxide Transcritical Expander [C] //The 2th Asian Conference on Refrigeration and Air-conditioning ACRA2004, Beijing, 2004: 46~51.

[57] Getu H M, Bansal P K. Thermodynamic analysis of an R744-R717 cascade refrigeration system [J]. International Journal of Refrigeration, 2007: 1~10.

[58] Kim S G, Kim M S. Experiment and simulation on the performance ofan autocascade refrigeration systemusing carbon dioxide as a refrigerant [J]. International Journal of Refrigeration, 2002 (25): 1093~1101.

[59] Pearson S F. Highly efficient water heating system [C] //The 7th IIR-Gustav Lorentzen Conference on Natural Working Fluids, Trondheim, Norway, 2006: 23~26.

[60] Endoh K, Kouno T, Gommori M, et al. Instant hot water supply heat pump water using CO_2 refrigerant for home use [C] //The 7th IIR-Gustav Lorentzen Conference on Natural Working Fluids. Trondheim, Norway, 2006: 27~30.

[61] Kern R, Hargreaves J B, Wang J F, et al. Performance of a prototype heat pump water heater using carbon dioxide as the refrigerant in a transcritical cycle [C] //The 7th IIR-Gustav Lorentzen Conference on Natural Working Fluids. Trondheim, Norway, 2006: 31~34.

[62] Yang J, Ma Y, Li M, et al. Simulation of transcritical carbon dioxide water to water heat pump system with expander [J]. The 7th IIR-Gustav Lorentzen Conference on Natural Working Fluids. Trondheim, Norway, 2006: 91~94.

[63] Neeraj Agrawal, Souvik Bhattacharyya. Studies on a two-stage transcritical carbon dioxideheat pump cycle with flash intercooling [J]. Applied Thermal Engineering, 2007 (27): 299~305.

[64] Honghyun Cho, Yongchan Kim, kook jeong Seo. Study on the performance improvement of a transcritical carbon dioxide cycle using expander and two stage compression [C] //The 2nd Asian Conference on Refrigeration and Air-conditioning, Beijing, 2004: 213~222.

[65] 王洪利，唐琦龙，贾宁．多目标优化的双级回热循环与跨临界 CO_2 热泵耦合系统研究 [J]．热能动力工程，2014，29（2）：151~155.

[66] Hyun J. Kim, Jong M. Ahn, et al. Numerical Study on the Performance of a CO_2 Twin Rotary-Compressor with Inter-stage Cooling [C] //The 5th International Conference on Compressor and Refrigeration, Xi'an Jiaotong University, 2005: 198~206.

[67] Baek J S, Groll E A, P. B. Lawless. Effect of pressure ratios across compressors on the performance of the transcritical carbon dioxide cycle with two stage compression and intercooling, Purdue University, 2002.

[68] Zhaolin Gu, Hongjuan Liu, Yun Li. CO_2 Two stage refrigeration system with low evaporating temperature of -56.6℃ [C] //The proceedings of the 5th IIR-Gustav Lorentzen conference on natural working fluids, Guangzhou, 2002: 226~330.

[69] Jun Lan Yang, Yi Tai Ma, Sheng Chun Liu. Performance investigation of transcritical carbon dioxidetwo-stage compression cycle with expander [J]. Energy, 2007 (32): 237~245.

[70] Navarro-Esbri J, Mendoza-Miranda J M, et al. Experimental analysis of R1234yf as a drop-in replacement for R134a in a vapor compression system [J]. International Journal of Refrigeration, 2013 (36): 870~880.

[71] Ki-Jung Park, Dong Gyu Kang, Dongsoo Jung. Condensation heat transfer coefficients of R1234yf on plain, low fin, and Turbo-C tubes [J]. International Journal of Refrigeration, 2011 (34): 317~321.

[72] Del Col D, Torresin D, Cavallini A. Heat transfer and pressure drop during condensation of the low GWP refrigerant R1234yf [J]. International Journal of Refrigeration, 2010 (33): 1307~1318.

[73] Giovanni A. Longo, Claudio Zilio. Condensation of the low GWP refrigerant HFC1234yf inside

a brazed plate heat exchanger [J] . International Journal of Refrigeration, 2013, 36: 612~621.

[74] Alison Subiantoro, Kim Tiow Ooi. Economic Analysis of the Application of Expanders in Medium Scale Air-Conditioners with Conventional Refrigerants, R1234yf and CO_2 [J] . International Journal of Refrigeration, 2013 (3): 1~42.

[75] José Luiz Gasche, Thiago Andreotti, Cássio Roberto Macedo Maia. A model to predict R134a refrigerant leakage through the radial clearance of rolling piston compressors [J] . International Journal of Refrigeration, 2012 (35): 2223~2232.

[76] Teh Y L, Ooi K T. Theoretical study of a novel refrigeration compressor- Part III: Leakage loss of the revolving vane (RV) compressor and a comparison with that of the rolling piston type [J]. International Journal of Refrigeration, 2009 (32): 945~952.

[77] Navarro E, Martínez-Galvan I O, Nohales J, et al. Comparative experimental study of an open piston compressor working with R-1234yf, R-134a and R-290 [J] . International Journal of Refrigeration, 2013 (36): 768~775.

[78] Husnu Kerpicci, Alper Yagci, Seyhan U. Onbasioglu. Investigation of oil flow in a hermetic reciprocating compressor [J] . International Journal of Refrigeration, 2013 (36): 215~221.

[79] Sho Fukuda, Chieko Kondou, Nobuo Takata, Shigeru Koyama. Low GWP refrigerants R1234ze (E) and R1234ze (Z) for high temperature heat pumps [J] . International Journal of Refrigeration, 2014 (40): 161~173.

[80] 张太康，翁文兵，喻晶 . R134a、R417a 和 R22 用于空气源热泵热水器的性能研究 [J]. 流体机械, 2010, 38 (5): 72~76.

[81] 王忠良 . R23/R134a 自然复叠制冷循环系统模拟与实验研究 [D] . 南京: 东南大学, 2006.

[82] 邢子文，彭学院，束鹏程 . R134a 螺杆制冷压缩机的泄漏特性研究 [J] . 制冷学报, 2000 (4): 23~28.

[83] 孙超，陈焕新，谢军龙，等 . R134a 应用于中间补气螺杆压缩机制冷系统的数值分析与研究 [J] . 设计研究, 2012 (3): 11~15.

[84] 李连生，胡建华，郭倍，等 . 冷冻机油对 R134a 冰箱压缩机性能的影响 [J] . 流体机械, 1997, 25 (3): 54~56.

[85] 王军 . R134a/R744 复叠式制冷系统设计研究 [D] . 合肥: 合肥工业大学, 2015.

[86] Guosheng Qiu, Xianyang Meng, Jiangtao Wu. Density measurements for 2, 3, 3, 3-tetrafluoroprop-1-ene (R1234yf) and trans-1, 3, 3, 3-tetrafluoropropene (R1234ze (E)) [J] . The Journal of Chemical Thermodynamics, 2013 (60): 150~158.

[87] Linlin Wang, Chaobin Dang, Eiji Hihara. Experimental study on condensation heat transfer and pressure drop of low GWP refrigerant HFO1234yf in a horizontal tube [J] . International Journal of Refrigeration, 2012 (35): 1418~1429.

[88] Yu Zhao, Yuanyuan Liang, Yongbin Sun, Jiangping Chen. Development of a mini-channel evaporator model using R1234yf as working fluid [J] . International Journal of Refrigeration,

2012 (35): 2166~2178.

[89] Zhaogang Qi. Experimental study on evaporator performance in mobile air conditioning system using HFO-1234yf as working fluid [J]. Applied Thermal Engineering, 2013 (53): 124~130.

[90] 姜昆, 刘颖, 姜莎. 新一代制冷剂 HFO-1234yf 的热物性模型 [J]. 制冷学报, 2012, 33 (5): 38~42.

[91] 张昌. 热泵技术及应用 [M]. 北京: 机械工业出版社, 2008.

[92] 旷玉辉, 张开黎, 于立强. 太阳能热泵系统 (SAHP) 的热力学分析 [J]. 青岛建筑工程学院学报, 2001, 22 (4): 80~83.

[93] 孙振华, 王如竹, 李郁武. 基于仿真与实验的直膨式太阳能热泵热水器变频策略 [J]. 太阳能学报, 2008, 29 (10): 1235~1241.

[94] 裴刚. 光伏一太阳能热泵系统及多功能热泵系统的综合性能研究 [D]. 北京: 中国科学技术大学, 2006.

[95] 黎佳荣. 太阳能辅助多功能热泵系统的理论与实验研究 [D]. 浙江: 浙江大学, 2008.

[96] 孔祥强, 林琳, 李瑛. R410A 充注量对直膨式太阳能热泵热水器性能的影响 [J]. 上海交通大学学报, 2013, 47 (3): 370~375.

[97] 王兴华. 平板太阳空气集热器增湿工况热效能研究 [D]. 甘肃: 兰州交通大学, 2013.

[98] 欧阳晶莹. 太阳能辅助跨临界 CO_2 热泵系统的理论分析和优化研究 [D]. 北京: 华北电力大学, 2013.

[99] 刘祥哲. 太阳能热泵采暖系统的理论分析与设计研究 [D]. 北京: 华北电力大学, 2012.

[100] 李郁武, 王如竹, 王泰华, 等. 直膨式太阳能热泵热水器过热度 PI 控制的实现 [J]. 工程热物理学报, 2007, 6 (28): 49~52.

[101] 楼静. 并联式太阳能热泵热水机组智能控制技术研究 [D]. 湖南: 中南大学, 2009.

[102] 梁国峰. 新型太阳能辅助多功能热泵系统的理论与实验研究 [D]. 浙江: 浙江大学, 2010.

[103] 于易平. 严寒地区太阳能热泵供热系统设计及优化分析 [D]. 黑龙江: 哈尔滨工业大学, 2012.

[104] 孙振华. 直膨式太阳能热泵热水器性能改进及实验研究 [D]. 上海: 上海交通大学, 2008.

[105] 李振兴. 直膨式太阳能热泵热水系统性能的优化分析 [D]. 山东: 山东科技大学, 2010.

[106] 王怀彬, 胡永锋, 白永锋. 直接膨胀式太阳能热泵供热系统试验研究 [J]. 煤炭工程, 2007 (11): 103~105.

[107] 杨磊, 张小松. 复合热源太阳能热泵供热系统及其性能模拟 [J]. 太阳能学报, 2011, 32 (1): 120~126.

[108] 韩延民, 代彦军, 王如竹. 基于 TRNSYS 的太阳能集热系统能量转化分析与优化 [J]. 工程热物理学报, 2006, 27 (1): 57~60.

[109] 郑宏飞，吴裕远，郑德修．窄缝高真空平面玻璃作为太阳能集热器盖板的实验研究［J］．太阳能学报，2001，22（3）：270~273.
[110] 别玉，胡明辅，郭丽．平板型太阳集器瞬时效率曲线的统一性分析［J］．可再生能源，2007，25（4）：18~20.
[111] 邓月超，赵耀华，全贞花，等．平板太阳能集热器空气夹层内自然对流换热的数值模拟［J］．建筑科学，2012，28（10）：84~87.
[112] 丁刚，左然，张旭鹏，等．平板式太阳能空气集热器流道改进的试验研究和数值模拟［J］．可再生能源，2011，29（2）：12~15.
[113] 张涛，闫素英，田瑞，等．全玻璃真空管太阳能热水器数值模拟研究［J］．可再生能源，2011，29（5）：10~14.
[114] 夏佰林，赵东亮，代彦军，等．扰流板型太阳能平板空气集热器集热性能［J］．太阳能学报，2011，45（6）：870~874.
[115] 袁颖利，李勇，代彦军．内插式太阳能真空管空气集热器性能分析［J］．太阳能学报，2010，31（6）：703~708.
[116] 任云锋，鱼剑琳，赵华．一种 CPC 型热管式太阳能集热器的实验研究［J］．西安交通大学学报，2001，41（3）：291~294.
[117] 张东峰，陈晓峰．高效太阳能空气集热器的研究［J］．太阳能学报，2009，30（1）：61~63.
[118] 蔡文玉．基于 CFD 的太阳能分层加热储热水箱优化研究［D］．杭州：浙江大学，2014.
[119] 陈丹丹．分层储热水箱设计及其对太阳能集热器效率的影响研究［D］．兰州：兰州理工大学，2014.
[120] 王智平，陈丹丹，王克振，等．太阳能储热水箱温度分层的研究现状及发展趋势［J］．材料导报，2013（15）：70~73.
[121] 张磊．家用太阳能热水器储热水箱放水特性的三维数值模拟研究［D］．昆明：云南师范大学，2013.
[122] 周志培，孙保民．太阳能储热水箱保温计算［J］．现代电力，2009，26（5）：52~55.
[123] 胡家军．分体式太阳能储热水箱［P］．云南：CN101813390A，2010-08-25.
[124] 张孝德．一种自带换热介质的太阳能储热水箱［P］．宁夏：CN204084900U，2014-09-19.
[125] 唐文学，顾敏，李俊，等．新型壁挂式太阳能储热水箱［P］．广东：CN204513819U，2015-01-09
[126] Bengt Perers, Elsa Anderssen, Roger Nordman, et al. A simplified heat pump model for use in solar plus heat pump system simulation studies［J］. Energy Procedia, 2012, 30: 664~667.
[127] Hawlader M N A, Jahangeer K A. Solar heat pump drying and water heating in the tropics［J］. Solar energy, 2006, 80（5）: 492~499.
[128] Chyng J P, Lee C P, Bin-Juine Huang. Performance analysis of a solar-assisted heat pump

water heater [J] . Solar Energy, 2003, 74 (1): 33~44.

[129] Caihua Liang, Xiaosong Zhang, Xiuwei Li. Study on the performance of a solar assisted air source heat pump system for building heating [J] . Energy and Buildings, 2011, 43 (9): 531~548.

[130] Mortaza Yari, Mehr A S, Mahmoudi S M S, et al. Thermodynamic analysis and optimization of a novel dual-evaporator system powered by electrical and solar energy sources [J] . Energy , 2013 , 61 (12): 646~656.

[131] Gorozabel Chata F B, Chaturvedi S K, Almogbel A. Analysis of a direct expansion solar assisted heat pump using different refrigerants [J] . Energy Conversion and Management, 2005, 46 (15, 16): 2614~2624.

[132] Ehsan Khorasaninejad, Hassan Hajabdollahi. Thermo - economic and environmental optimization of solar assisted heat pump by using multi-objective particle swam algorithm [J]. Energy, 2014, 72 (1): 680~690.

[133] Kuang Y H, Wang R Z, Yu L Q. Experimental study on solar assisted heat pump system for heat supply [J] . Energy Conversion and Management, 2003, 44 (7): 1089~1098.

[134] Mohammad Hawlader, Shih-Kai Chou, M. Z. Ullah. The performance of a solar assisted heat pump water heating system [J] . Applied Thermal Engineering, 2001, 21 (10): 1049~1065.

[135] Badescu Viorel. Model of a thermal energy storage device integrated into a solarassisted heat pump system for space heating [J] . Energy Conversion and Management, 2003 (44): 1589~1604.

[136] Chata Gorozabel F B, Chaturvedi S K, Almogbel A. Analysis of a direct expansion solar assisted heat pump using different refrigerants [J] . Energy Conversion and Management, 2005 (46): 2614~2624.

[137] Ucar A, Inalli M. Thermal and economical analysis of a central solar heating system with underground seasonal storage in Turkey [J] . Renewable Energy, 2005 (30): 1005~1019.

[138] Scarpa F, Tagliafico L A, Tagliafico G. Integrated solar-assisted heat pumps for water heating coupled to gas burners; control criteria for dynamic operation [J] . Applied Thermal Engineering, 2011 (31): 59~68.

[139] Bakirci Kadir, Yuksel Bedri. Experimental thermal performance of a solarsource heat-pump system for residential heating in cold climate region [J] . Applied Thermal Engineering, 2011 (31): 1508~1518.

[140] Rosen M A. The exergy of stratified thermal energy storages [J] . Solar Energy, 2001 (71): 173~185.

[141] Ghaddar N K. Stratified storage tank influence on performance of solar water heating system tested in Beirut [J] . Renewable Energy, 1994, 4 (8): 911~925.

[142] Knudsen S. Consumers' influence on the thermal performance of small SDHW systems-Theoretical investigations [J] . SolarEnergy, 2002, 73 (1): 33~42.

[143] Castell A, Medrano M, Solé C, et al. Dimensionless numbers used to characterize stratification in water tanks for discharging at low flow rates [J]. Renewable Energy, 2010, 35 (10): 2192~2199.

[144] Madhlopa A, Mgawib R, Tauloc J. Experimental study of temperature stratification in an integrated collector - storage solar water heater with two horizontal tanks [J]. Solar Energy, 2006, 80 (8): 989~1002.

[145] El-Sawi A M, Wifi A S, Younan M Y, et al. Application of folded sheet metal in flat bed solar air collector [J]. Applied Thermal Engineering, 2010, 30 (8, 9): 864~871.

[146] Mintsa A C, Do Ango, Medale M, Abid C. Optimization of the design of a polymer flat plate solar collector [J]. Solar Energy, 2013 (87): 64~74.

[147] Daniel Real, Rebekah Johnston, Joey Lauer, et al. Novel non-concentrating solar collector for intermediate-temperature energy capture [J]. Solar Energy, 2014 (108): 421~431.

[148] Chaturvedi S K, Gagrani V D, Abdel-Salam T M. Olar-assisted heat pump - a sustainable system for low-temperature water heating applications [J]. Energy Conversion and Management, 2014 (77): 550~557.

[149] Fadhel M I, Sopian K, Daud W R W, et al. Review on advanced of solar assisted chemical heat pump dryer for agriculture produce [J]. Enewable and Sustainable Energy Reviews, 2011, 15 (2): 1152~1168.

[150] Chow T T, Bai Y, Fong K F, et al. Analysis of a solar assisted heat pump system for indoor swimming pool water and space heating [J]. Applied Energy, 2012 (100): 309~317.

[151] Chen X, Yang H. Erformance analysis of a proposed solar assisted ground coupled heat pump system [J]. Applied Energy, 2012 (97): 888~896.

[152] Rahman S M A, Saidur R, Hawlader M N A. An economic optimization of evaporator and air collector area in a solar assisted heat pump drying system [J]. Energy Conversion and Management, 2013 (76): 377~384.

[153] 李耿华，师红涛，李娟．阳能热泵供热系统的应用及经济性分析 [J]．山西建筑，2010, 36 (25): 179~181.

[154] 韩宗伟，郑茂余，李忠建．太阳能热泵供暖系统的热经济性分析 [J]．阳能学报，2008, 29 (10) : 1242~1246.

[155] 杨婷婷，方贤德．直膨式太阳能热泵热水器及其热经济性分析 [J]．可再生能源，2008, 26 (4) : 78~81.

[156] 孙洲阳，陈武．太阳能+地源热泵联合循环项目综合评标 [J]．太阳能学报，2013 (6): 1063~1069.

[157] 冯俊芝．兰州太阳能热泵和电锅炉联合运行系统的分析 [D]．哈尔滨：哈尔滨工程大学，2011.

[158] 李丽，王乐乐．基于模糊综合评价的集中供热方案选择 [J]．区域供热，2013，(4): 83~88.

[159] 唐志华．湖南省浅层地热能建筑应用及地源热泵模糊综合评判研究 [D]．长沙：湖南

大学, 2011.

[160] 吴艳菊．地表水源热泵适宜性综合评价及规划研究［D］．重庆：重庆大学，2009.

[161] 单绪宝．基于全生命周期理论的土壤源热泵技术评价［D］．北京：北京建筑大学，2014.

[162] 李冰．天然气驱动 VM 循环热泵的多目标评判与优化分析［D］．北京：华北电力大学，2012.

[163] 石红柳．夏热冬冷地区典型城市的不同采暖方式综合评价［D］．西安：西安建筑科技大学，2014.

[164] 谢海辉．空气源热泵热水器的绿色度评价方法研究［D］．广东：广东工业大学，2013.

[165] Bing Wei , Songling Wang, Li Li. Fuzzy comprehensive evaluation of distric heating systems [J] . Energy Policy, 2010 (38): 5847~5955.

[166] Hikmet Esen, Mustafa Inalli, Abdulkadir Sengur, et al. Artificial neural network and adaptive neuro-fuzzy assessm for ground-coupled heat pump system [J] . Energy and Buildings, 2008 (40): 1074~1083.

[167] Underwood C P. Fuzzy multivariable control of domestic heat pumps [J] . Applied Thermal Engineering, 2015 (90): 957~969.

[168] Sangmin Cho, Jinsoo Kim, Eunnyeong Heo. Application of fuzzy analytic hierarchy process to select the optimal heating facility for Korean horticulture and stockbreeding sectors [J]. Renewable and Sustainable Energy Reviews, 2015 (49): 1075~1083.

2 太阳能压缩式热泵负荷计算

2.1 气象条件

唐山市位居燕山南麓，地势北高南低，自西、西北向东及东南趋向平缓，直至沿海。北部和东北部多山，海拔在300~600m之间；中部为燕山山前平原，海拔在50m以下，地势平坦；南部和西部为滨海盐碱地和洼地草泊，海拔在10~15m以下。属于暖温带半湿润季风型大陆性气候。四季分明，降水集中，风向有明显的季节变化。春季气温回升快，昼夜温差较大；夏季炎热多雨，水热同季；秋季晴朗少雨，冷暖适宜，光照充足；冬季寒冷干燥，多风少雨，各月平均气温都在0℃以下。全年日照时数为2518h，平均日照百分率为30.6%，全年平均气温10.3~11.5℃[1]。

极端最高气温40.4℃，极端最低零下26.7℃，采暖室外计算温度 -8.1℃。年平均风速2.4m/s，最大风速20m/s。全年主导风向，夏季东南风、冬季西北风。冬季平均气压101.28kPa，年平均相对湿度59%，年平均降雨量532mm。最大积雪深度10~30cm，最大冻土深度60~100cm。

2.2 需求预测

利用太阳能压缩式热泵，对现有的唐山市某公司8335m^{2}厂房兼办公室实现冬季制热和夏季制冷功能，实现节能减排、降低消耗。太阳能压缩式热泵主要由太阳能集热器、储热水箱、压缩机、冷凝器、节流阀和蒸发器等设备组成[2~4]。根据给定的面积（表2-1），结合冬、夏季热泵和空调设计参数，计算相应的冷、热负荷，对太阳能压缩式热泵进行设计和设备选型。

表2-1 给定用能面积统计

序号	名称	数量	单位
1	北风机房	120	m^2
2	西倒罐站西操作室	30	m^2
3	西倒罐站东操作室	30	m^2
4	东倒罐站西操作室	30	m^2
5	东倒罐站东操作室	30	m^2

续表 2-1

序　号	名　称	数　量	单　位
6	分析化验楼	780	m^2
7	30m 气化操作室	20	m^2
8	30m 配电室	50	m^2
9	新一号机主操作楼共 4 层	504	m^2
10	新一号机出坯操作室	40	m^2
11	连铸车间办公楼	200	m^2
12	调度室共 4 层	500	m^2
13	炼钢变电所共 5 层	3000	m^2
14	东扒渣机操作室	18	m^2
15	西扒渣机操作室	18	m^2
16	5、6 号连铸机 1 操	180	m^2
17	5 号连铸机 2 操	18	m^2
18	5 号连铸机 3 操	36	m^2
19	6 号连铸机 2、3 操	36	m^2
20	3 号连铸机 1 操	50	m^2
21	3 号连铸机出坯室	40	m^2
22	连铸机化验室	50	m^2
23	1 号精炼操作室	25	m^2
24	2 号精炼操作室	25	m^2
25	3 号精炼操作室	25	m^2
26	一期配电室	150	m^2
27	二期配电室共 4 层	900	m^2
28	三期配电室	150	m^2
29	点检中心楼	1200	m^2
30	除尘配电室	80	m^2
31	合　计	8335	m^2

2.3 冷、热负荷计算

根据给定的用能面积并结合地方气候条件，计算冬季供暖热负荷和夏季制冷冷负荷[5~7]。

2.3.1 热负荷计算

设计参数：

(1) 室外设计参数：

夏季空调室外计算干球温度，32.7℃；

夏季空调室外计算湿球温度，26.2℃；

夏季通风室外计算温度，28℃；

夏季通风室外计算相对湿度，64%；

夏季室外平均风速，2.3m/s；

冬季室外空调计算相对湿度，52%；

冬季室外采暖计算温度，-10℃；

冬季室外通风计算温度，-5℃；

冬季室外平均风速，3.0m/s。

(2) 室内设计参数及标准。室内设计参数及标准见表2-2。

表2-2 热负荷计算室内设计参数及标准

房间名称		夏季		冬季		噪声标准/db (A)
		设计温度/℃	相对湿度/%	设计温度/℃	相对湿度/%	
北风机房	西倒罐站西操作室	25	60	20	40	40
	西倒罐站东操作室			20	40	
	东倒罐站西操作室			20	40	
	东倒罐站东操作室			20	40	
分析化验楼	30m 气化操作室	28	60	20	40	65
	30m 配电室			20	40	
	新一号机主操作楼			20	40	
	新一号出坯操作室			20	40	
	连铸车间办公楼			20	40	
调度室	炼钢变电所共5层			20	40	
	东扒渣机操作室			20	40	
	西扒渣机操作室			20	40	
	5、6号连铸机1操			20	40	
	5号连铸机2操			20	40	
	5号连铸机3操			20	40	
	6号连铸机2、3操			20	40	
	3号连铸机1操			20	40	
	3号连铸机出坯室			20	40	
	连铸机化验室			20	40	
	1号精炼操作室			20	40	
	2号精炼操作室			20	40	
	3号精炼操作室			20	40	

续表 2-2

房间名称	夏季		冬季		噪声标准/db (A)
	设计温度/℃	相对湿度/%	设计温度/℃	相对湿度/%	
一期配电室			20	40	
二期配电室共4层			20	40	
三期配电室			20	40	
点检中心楼			20	40	
除尘配电室			20	40	

根据室外设计参数和室内设计参数及标准，对给定的面积进行热负荷计算，见表 2-3。

表 2-3 热负荷计算结果

房间名称		面积/m^2	传热系数/W·$(m^2·℃)^{-1}$	室外计算温度(t_n-t_w)/℃	耗热量 Q_4/J
北风机房	南外墙	19	1.49	32	905.92
	东外墙	70	1.49	32	3337.60
	西外墙	70	1.49	32	3337.60
	北外墙	7.5	1.49	32	143.04
	北外窗	13.5	6.4	32	1105.92
	地面	120	0.48	32	1843.20
	南内门	2	3.26	32	83.46
西倒罐站西操作室	南外墙	12	1.49	32	572.16
	东外墙	26.25	1.49	32	1251.60
	西外墙	26.25	1.49	32	1251.60
	北外墙	11.75	1.49	32	224.10
	北外窗	2.25	6.4	32	184.32
	地面	30	0.48	32	460.80
	南内门	2	3.26	32	83.46
西倒罐站东操作室	南外墙	12	1.49	32	572.16
	东外墙	26.25	1.49	32	1251.60
	西外墙	26.25	1.49	32	1251.60
	北外墙	11.75	1.49	32	224.10
	北外窗	2.25	6.4	32	184.32
	地面	30	0.48	32	460.80
	南内门	2	3.26	32	83.46

续表 2-3

房间名称		面积/m^2	传热系数/W·$(m^2·℃)^{-1}$	室外计算温度 (t_n-t_w)/℃	耗热量 Q_4 /J
东倒罐站西操作室	南外墙	12	1.49	32	572.16
	东外墙	26.25	1.49	32	1251.60
	西外墙	26.25	1.49	32	1251.60
	北外墙	11.75	1.49	32	224.10
	北外窗	2.25	6.4	32	184.32
	地面	30	0.48	32	460.80
	南内门	2	3.26	32	83.46
东倒罐站东操作室	南外墙	12	1.49	32	572.16
	东外墙	26.25	1.49	32	1251.60
	西外墙	11.75	1.49	32	1251.60
	北外墙	2.25	6.4	32	224.10
	北外窗	30	0.48	32	184.32
	地面	2	3.26	32	460.80
分析化验楼	南外墙	57.75	1.49	32	2753.52
	东外墙	135.75	1.49	32	6472.56
	西外墙	135.75	1.49	32	6472.56
	北外墙	53	1.49	32	1010.82
	北外窗	87.75	6.4	32	7188.48
	地面	780	0.48	32	11980.80
	南内门	2	3.26	32	83.46
30m 气化操作室	南外墙	12	1.49	32	572.16
	东外墙	22.5	1.49	32	1072.80
	西外墙	22.5	1.49	32	1072.80
	北外墙	11.75	1.49	32	224.10
	北外窗	2.25	6.4	32	184.32
	地面	20	0.48	32	307.20
	南内门	2	3.26	32	83.46
30m 配电室	南外墙	12	1.49	32	858.24
	东外墙	22.5	1.49	32	1907.20
	西外墙	22.5	1.49	32	1907.20
	北外墙	11.75	1.49	32	300.38
	北外窗	2.25	6.4	32	184.32
	地面	20	0.48	32	768.00
	南内门	2	3.26	32	83.46

续表 2-3

房间名称		面积/m^2	传热系数/$W\cdot(m^2\cdot℃)^{-1}$	室外计算温度 (t_n-t_w)/℃	耗热量 Q_4 /J
新一号机主操作楼共4层	南外墙	53	1.49	32	2527.04
	东外墙	72.5	1.49	32	3456.80
	西外墙	72.5	1.49	32	3456.80
	北外墙	55	1.49	32	1048.96
	北外窗	56.25	6.4	32	4608.00
	地面	504	0.48	32	7741.44
	南内门	2	3.26	32	83.46
新一号机出坯操作室	南外墙	15.5	1.49	32	739.04
	东外墙	28	1.49	32	1335.04
	西外墙	28	1.49	32	1335.04
	北外墙	13	1.49	32	247.94
	北外窗	4.5	6.4	32	368.64
	地面	40	0.48	32	614.40
	南内门	2	3.26	32	83.46
连铸车间办公楼	南外墙	21.5	1.49	32	1025.12
	东外墙	83	1.49	32	3957.44
	西外墙	80.75	1.49	32	3850.16
	北外墙	23.5	1.49	32	448.19
	北外窗	22.5	6.4	32	1843.20
	地面	200	0.48	32	3072.00
	南内门	2	3.26	32	83.46
调度室共4层	南外墙	59.5	1.49	32	2836.96
	东外墙	74	1.49	32	3528.32
	西外墙	74	1.49	32	3528.32
	北外墙	61.5	1.49	32	1172.93
	北外窗	56.25	6.4	32	4608.00
	地面	500	0.48	32	7680.00
	南内门	2	3.26	32	83.46
炼钢变电所共5层	南外墙	54.75	1.49	32	2610.48
	东外墙	179.25	1.49	32	8546.64
	西外墙	179.25	1.49	32	8546.64
	北外墙	56.27	1.49	32	1073.18
	北外窗	337.5	6.4	32	27648.00
	地面	3000	0.48	32	46080.00
	南内门	2	3.26	32	83.46

续表 2-3

房间名称		面积/m^2	传热系数/W·(m^2·℃)$^{-1}$	室外计算温度(t_n-t_w)/℃	耗热量 Q_4/J
东扒渣机操作室	南外墙	8.5	1.49	32	405.28
	东外墙	21	1.49	32	1001.28
	西外墙	21	1.49	32	1001.28
	北外墙	8.25	1.49	32	157.34
	北外窗	2.25	6.4	32	184.32
	地面	18	0.48	32	276.48
	南内门	2	3.26	32	83.46
西扒渣机操作室	南外墙	8.5	1.49	32	405.28
	东外墙	21	1.49	32	1001.28
	西外墙	21	1.49	32	1001.28
	北外墙	8.25	1.49	32	157.34
	北外窗	2.25	6.4	32	184.32
	地面	18	0.48	32	276.48
	南内门	2	3.26	32	83.46
5、6号连铸机1操	南外墙	51.75	1.49	32	2467.44
	东外墙	72	1.49	32	3432.96
	西外墙	40	1.49	32	1907.20
	北外墙	40	1.49	32	762.88
	北外窗	20.25	6.4	32	1658.88
	地面	180	0.48	32	2764.80
	南内门	2	3.26	32	83.46
5号连铸机2操	南外墙	21.75	1.49	32	1037.04
	东外墙	22	1.49	32	1048.96
	西外墙	12	1.49	32	572.16
	北外墙	12	1.49	32	228.86
	北外窗	2.25	6.4	32	184.32
	地面	18	0.48	32	276.48
	南内门	2	3.26	32	83.46
5号连铸机3操	南外墙	31.5	1.49	32	1501.92
	东外墙	34	1.49	32	1621.12
	西外墙	16	1.49	32	762.88
	北外墙	16	1.49	32	305.15
	北外窗	4.5	6.4	32	368.64
	地面	18	0.48	32	276.48
	南内门	2	3.26	32	83.46

续表 2-3

房 间 名 称		面积/m^2	传热系数/W·$(m^2·℃)^{-1}$	室外计算温度 (t_n-t_w)/℃	耗热量 Q_4 /J
6 号连铸机 2、3 操	南外墙	31.5	1.49	32	1501.92
	东外墙	34	1.49	32	1621.12
	西外墙	16	1.49	32	762.88
	北外墙	16	1.49	32	305.15
	北外窗	4.5	6.4	32	368.64
	地面	36	0.48	32	552.96
	南内门	2	3.26	32	83.46
3 号连铸机 1 操	南外墙	35.5	1.49	32	1501.92
	东外墙	38	1.49	32	1621.12
	西外墙	20	1.49	32	762.88
	北外墙	20	1.49	32	305.15
	北外窗	4.5	6.4	32	368.64
	地面	50	0.48	32	552.96
	南内门	2	3.26	32	83.46
3 号连铸机出坯室	南外墙	27.5	1.49	32	1311.20
	东外墙	30	1.49	32	1430.40
	西外墙	20	1.49	32	953.60
	北外墙	20	1.49	32	381.44
	北外窗	4.5	6.4	32	368.64
	地面	40	0.48	32	614.40
	南内门	2	3.26	32	83.46
连铸机化验室	南外墙	35.5	1.49	32	1692.64
	东外墙	38	1.49	32	1811.84
	西外墙	20	1.49	32	953.60
	北外墙	20	1.49	32	381.44
	北外窗	4.5	6.4	32	368.64
	地面	50	0.48	32	768.00
	南内门	2	3.26	32	83.46
1 号精炼操作室	南外墙	17.75	1.49	32	846.32
	东外墙	23	1.49	32	1096.64
	西外墙	25	1.49	32	1192.00
	北外墙	25	1.49	32	476.80
	北外窗	2.25	6.4	32	184.32
	地面	25	0.48	32	384.00
	南内门	2	3.26	32	83.46

续表 2-3

房间名称		面积/m^2	传热系数/W·$(m^2·℃)^{-1}$	室外计算温度 (t_n-t_w)/℃	耗热量 Q_4/J
2 号精炼操作室	南外墙	17.75	1.49	32	846.32
	东外墙	23	1.49	32	1096.64
	西外墙	25	1.49	32	1192.00
	北外墙	25	1.49	32	476.80
	北外窗	2.25	6.4	32	184.32
	地面	25	0.48	32	384.00
	南内门	2	3.26	32	83.46
3 号精炼操作室	南外墙	17.75	1.49	32	846.32
	东外墙	23	1.49	32	1096.64
	西外墙	25	1.49	32	1192.00
	北外墙	25	1.49	32	476.80
	北外窗	2.25	6.4	32	184.32
	地面	25	0.48	32	384.00
	南内门	2	3.26	32	83.46
一期配电室	南外墙	44	1.49	32	2097.92
	东外墙	58	1.49	32	2765.44
	西外墙	40	1.49	32	1907.20
	北外墙	40	1.49	32	762.88
	北外窗	15.75	6.4	32	1290.24
	地面	150	0.48	32	2304.00
	南内门	2	3.26	32	83.46
二期配电室共 4 层	南外墙	155	1.49	32	7390.40
	东外墙	153	1.49	32	7295.04
	西外墙	55	1.49	32	2622.40
	北外墙	55	1.49	32	1048.96
	北外窗	101.25	6.4	32	8294.40
	地面	900	0.48	32	13824.00
	南内门	2	3.26	32	83.46
三期配电室	南外墙	44	1.49	32	2097.92
	东外墙	58	1.49	32	2765.44
	西外墙	40	1.49	32	1907.20
	北外墙	40	1.49	32	762.88
	北外窗	15.75	6.4	32	1290.24
	地面	150	0.48	32	2304.00
	南内门	2	3.26	32	83.46

续表 2-3

房 间 名 称		面积/m^2	传热系数/W·(m^2·℃)$^{-1}$	室外计算温度(t_n-t_w)/℃	耗热量 Q_4/J
点检中心楼	南外墙	124	1.49	32	5912.32
	东外墙	126	1.49	32	6007.68
	西外墙	86	1.49	32	4100.48
	北外墙	86	1.49	32	1640.19
	北外窗	135	6.4	32	11059.20
	地面	1200	0.48	32	18432.00
	南内门	2	3.26	32	83.46
除尘配电室	南外墙	62	1.49	32	2956.16
	东外墙	52	1.49	32	2479.36
	西外墙	20	1.49	32	953.60
	北外墙	20	1.49	32	381.44
	北外窗	9	6.4	32	737.28
	地面	80	0.48	32	1228.80
	南内门	2	3.26	32	83.46

经上述计算，所得热负荷为 414kW。此计算过程是把各部分热负荷加和在一起，计算过程虽然麻烦，但计算比较准确。

热负荷的计算还有另外一种方法，即按照《太阳能供热采暖工程技术规范》（GB 50495—2009）[8]标准中指定的热指标直接计算。按照规范标准要求，唐山市新建建筑设计采取节能措施的办公建筑的综合热指标确定为 50W/m^2。

采暖期最大热负荷[9~12]：根据采暖热指标计算的热负荷为最大设计热负荷，其热指标中已经包含了热网输送过程的损失，最大热负荷按下式计算：

$$Q_{max} = q \times A \times 10^{-3} \quad (2\text{-}1)$$

式中 Q_{max}——采暖期最大设计热负荷，kW；

q——采暖热指标，综合热指标 50W/m^2；

A——采暖建筑物的建筑面积，m^2。

按照给定面积约 8335m^2计算，则系统总热负荷约为 416kW。与上述计算得出 414kW 相比，误差不大。因此，热负荷选取 414kW。

2.3.2 冷负荷计算

室内设计参数及标准见表 2-4。

表 2-4 冷负荷计算室内设计参数及标准

房间名称	夏季		冬季		最小新风量 /m³·(人·h)⁻¹	排风量 /次·h⁻¹	噪声标准 /db(A)
	设计温度 /℃	相对湿度 /%	设计温度 /℃	相对湿度 /%			
北风机房	28	60	20	40	30		65
西倒罐站西操作室	28	60	20	40	30		65
西倒罐站东操作室	28	60	20	40	30		65
东倒罐站西操作室	28	60	20	40	30		65
东倒罐站东操作室	28	60	20	40	30		65
分析化验楼	28	60	20	40	30		65
30m 气化操作室	28	60	16	40	30		65
30m 配电室	28	60	20	40	30		65
新一号机主操作楼	28	60	20	40	30		65
新一号出坯操作室	28	60	20	40	30		65
连铸车间办公楼	28	60	20	40	30		65
调度室	28	60	20	40	30		65
炼钢变电所共 5 层	28	60	20	40	30		65
东扒渣机操作室	28	60	20	40	30		65
西扒渣机操作室	28	60	20	40	30		65
5、6 号连铸机 1 操	28	60	20	40	30		65
5 号连铸机 2 操	28	60	20	40	30		65
5 号连铸机 3 操	28	60	20	40	30		65

续表 2-4

房间名称	夏季		冬季		最小新风量 /m^3·(人·h)$^{-1}$	排风量 /次·h^{-1}	噪声标准 /db(A)
	设计温度 /℃	相对湿度 /%	设计温度 /℃	相对湿度 /%			
6号连铸机2、3操	28	60	20	40	30		65
3号连铸机1操	28	60	20	40	30		65
3号连铸机出坯室	28	60	20	40	30		65
连铸机化验室	28	60	20	40	30		65
1号精炼操作室	28	60	20	40	30		65
2号精炼操作室	28	60	20	40	30		65
3号精炼操作室	28	60	20	40	30		65
一期配电室	28	60	20	40	30		65
二期配电室	28	60	20	40	30		65
三期配电室	28	60	20	40	30		65
点检中心楼	28	60	20	40	30		65
除尘配电室	28	60	20	40	30		65

根据室外设计参数和室内设计参数及标准，对给定的面积进行冷负荷计算，见表 2-5。

表 2-5　冷负荷计算结果

(kW)

序号	北风机房	西倒罐站西操作室	西倒罐站东操作室	东倒罐站西操作室	东倒罐站东操作室	分析化验楼	30m配电操作室	1号精炼操作室	2号精炼操作室	3号精炼操作室	3号连铸机1操	3号连铸机出坯室	5、6号连铸机1操	5号连铸机2操	5号连铸机3操	6号连铸机2、3操	点检中心楼	二期配电室	连铸车间办公室	连铸机化验室	炼钢变电所	三期配电室	调度室	西扒渣机操作室	一号机出坯操作室	一期配电室	东扒渣机操作室	每小时总和
0	8467.753	2790.036	2790.036	2790.036	2790.036	22368.1	3903.229	4338.131	4338.131	4338.131	3944.05	4238.767	8420.687	2687.55	3148.07	3148.07	30412.09	26836.48	7404.451	3703.48	71027.6	8985.605	10856.24	3366.125	3070.646	8985.605	3366.125	262515.26
1	8916.897	2911.735	2911.735	2911.735	2911.735	23456.02	4081.508	4592.607	4592.607	4592.607	4147.866	4480.056	8748.853	2821.221	3302.154	3302.154	31642.71	28620.68	7608.168	3905.636	73928.63	9499.81	11203.3	3682.89	3197.465	9499.81	3682.89	275153.48
2	9205.356	2994.886	2994.886	2994.886	2994.886	24163.66	4203.278	4761.806	4761.806	4761.806	4274.327	4625.151	8957.672	2905.664	3394.023	3394.023	32323.45	29419.59	7741.259	4025.917	75465.69	9781.744	11405.98	3886.909	3283.589	9781.744	3886.909	282390.90
3	9529.899	3104.164	3104.164	3104.164	3104.164	25065.79	4367.074	4923.701	4923.701	4923.701	4429.901	4881.093	9215.879	2989.539	3522.073	3522.073	32763.62	29871.83	7950.68	4179.221	76176.97	10070.14	11635.23	4073.605	3395.054	10070.14	4073.605	276337.11
4	9471.161	3075.161	3075.161	3075.161	3075.161	24552.06	4319.79	4956.285	4956.285	4956.285	4388.615	4766.946	9095.366	3004.917	3478.775	3478.775	32383.98	29832.47	7729.306	4136.695	75458.87	10032.96	11473.46	4130.813	3358.735	10032.96	4130.813	286426.97
5	9551.151	3099.212	3099.212	3099.212	3099.212	24529.25	4354.65	5013.388	5013.388	5013.388	4415.973	4806.186	9110.678	3030.565	3499.877	3499.877	32249.87	29874.92	7710.682	4162.813	75135.26	10101.34	11488.4	4212.042	3380.267	10101.34	4212.042	286864.20
6	9883.255	3159.067	3159.067	3159.067	3159.067	26192.41	4414.43	5094.236	5094.236	5094.236	4519.397	4915.368	9542.595	3104.655	3609.389	3609.389	34936.63	32031.03	8661.176	4272.817	81832.7	10473.84	12760.21	4313.633	3488.442	10473.84	4313.633	305267.82
7	9905.118	3160.813	3160.813	3160.813	3160.813	25667.93	4410.66	5116.593	5116.593	5116.593	4507.828	4920.768	9501.327	3106.722	3612.996	3612.996	34609.18	31901.17	8550.713	4273.588	81047.27	10480.2	12795.76	4360.26	3489.378	10480.2	4360.26	303587.36
8	9774.457	3047.074	3047.074	3047.074	3047.074	25125.07	4169.338	4653.806	4653.806	4653.806	4389.877	4639.01	9283.128	3003.173	3507.397	3507.397	34483.77	31559.34	8443.222	4211.657	80300.88	10168.32	12676.91	4293.505	3382.017	10168.32	4293.505	297530.01
9	9810.484	3024.332	3024.332	3024.332	3024.332	24969.23	4106.888	4560.28	4560.28	4560.28	4373.302	4587.913	9310.404	2985.386	3502.706	3502.706	35053.6	31993.71	8611.208	4206.202	81733.84	10174.66	13082.53	4301.49	3376.465	10174.66	4301.49	299937.04
10	9839.871	2999.406	2999.406	2999.406	2999.406	24685.3	4040.931	4470.845	4470.845	4470.845	4353.19	4537.058	9326.858	2980.331	3495.246	3495.246	35505.09	32373.6	8721.968	4194.12	82933.77	10183.78	13487	4329.839	3366.959	10183.78	4329.839	301773.94
11	9708.058	2950.498	2950.498	2950.498	2950.498	23516.73	3937.378	4327.645	4327.645	4327.645	4201.948	4376.11	9137.105	2905.144	3386.78	3386.78	34444.14	29958.73	8554.703	4041.238	80340.91	9741.355	13607.36	4314.543	3308.816	9741.355	4314.543	291708.65
12	9684.948	2925.276	2925.276	2925.276	2925.276	22920.3	3881.312	4239.273	4239.273	4239.273	4160.026	4355.615	9039.335	2848.856	3362.338	3362.338	34013.67	29387.93	8496.274	4002.406	79342.2	9632.727	13728.55	4322.427	3285.512	9632.727	4322.427	288200.84
13	9558.099	2867.928	2867.928	2867.928	2867.928	22019.92	3778.822	4125.312	4125.312	4125.312	4077.453	4223.79	8861.387	2805.072	3292.577	3292.577	33405.97	28778.9	8300.173	3917.163	78031.76	9454.501	13689.35	4301.804	3225.368	9454.501	4301.804	282618.64
14	9457.783	2828.321	2828.321	2828.321	2828.321	21268.89	3709.616	3995.133	3995.133	3995.133	4015.311	4149.58	8685.651	2762.865	3235.643	3235.643	32536.3	27966.03	8077.375	3848.441	76031.19	9289.6	13523.02	4293.951	3176.695	9289.6	4293.951	276145.82
15	9343.124	2797.877	2797.877	2797.877	2797.877	20598.98	3661.182	3960.694	3960.694	3960.694	3972.149	4098.05	8551.93	2750.35	3199.353	3199.353	31689.63	27232.41	7827.037	3803.429	73896.74	9152.612	13306.05	4270.612	3136.434	9152.612	4270.612	270186.24
16	9251.11	2772.347	2772.347	2772.347	2772.347	20008.33	3622.034	3901.159	3901.159	3901.159	3936.583	4056.513	8388.804	2717.852	3159.055	3159.055	30702.42	26382.18	7534.011	3761.283	71447.77	9010.503	12961.06	4268.428	3096.017	9010.503	4268.428	263534.80
17	9229.765	2764.421	2764.421	2764.421	2764.421	20096.59	3609.724	3864.629	3864.629	3864.629	3927.641	4045.945	8368.235	2706.875	3146.405	3146.405	30620.09	26193.46	7518.044	3747.611	71260.29	8970.238	12901.46	4260.485	3085.321	8970.238	4260.485	262716.88
18	8642.136	2647.569	2647.569	2647.569	2647.569	20169.86	3498.433	3737.305	3737.305	3737.305	3760.42	3876.135	8195.62	2583.144	3032.864	3032.864	30533.6	26013.19	7677.631	3575.66	71339.05	8638.32	12495.06	3666.354	2973.258	8638.32	3666.354	257810.46
19	8021.365	2541.123	2541.123	2541.123	2541.123	18429.6	3404.89	3638.313	3638.313	3638.313	3586.403	3697.513	7633.919	2466.507	2871.775	2871.775	27255.53	23457.68	6687.708	3391.153	63226.99	8095.582	10814.95	3305.244	2811.249	8095.582	3305.244	234510.09
20	7795.35	2505.23	2505.23	2505.23	2505.23	18865.42	3386.699	3609.974	3609.974	3609.974	3536.971	3651.815	7579.471	2418.583	2832.351	2832.351	27233.82	23384.28	6724.041	3339.871	63217.44	7978.073	10447.51	3068.687	2770.585	7978.073	3068.687	232960.92
21	7689.952	2499.01	2499.01	2499.01	2499.01	19465.01	3405.075	3609.828	3609.828	3609.828	3522.139	3644.938	7610.854	2403.446	2822.279	2822.279	27545.75	23576.05	6824.339	3328.949	63969.28	7951.105	10230.72	2915.037	2762.842	7951.105	2915.037	234181.71
22	7622.986	2503.177	2503.177	2503.177	2503.177	20089.15	3436.773	3645.701	3645.701	3645.701	3522.797	3654.407	7674.828	2399.348	2825.341	2825.341	27967.92	23831.32	6940.36	3332.487	64956.01	7954.652	10084.19	2790.134	2767.049	7954.652	2790.134	236369.69
23	7588.9	2511.865	2511.865	2511.865	2511.865	20715.14	3470.951	3679.528	3679.528	3679.528	3531.693	3664.147	7755.553	2400.571	2833.281	2833.281	28516.37	24216.11	7072.326	3345.293	66250.42	7982.438	9989.23	2688.63	3074.419	7982.438	2688.63	239685.87

经上述计算，所得冷负荷约为672kW。此计算过程是把各部分冷负荷加和在一起，计算过程虽然麻烦，但计算比较准确。

2.4 小结

基于给定的用能面积，结合当地气象资料，分别进行了冷、热负荷的计算。计算结果为后面章节几种用能方案的经济性对比提供了基准数据。

参考文献

[1] http://business.sohu.com/85/67/article213326785.shtml.

[2] Shilin Qu, Fei Ma, Ru Ji, et al. System design and energy performance of a solar heat pump heating system with dual-tank latent heat storage [J]. Energy and Buildings, 2015 (105): 294~301.

[3] 马文瑞. 太阳能热泵供暖系统运行优化研究 [D]. 黑龙江: 哈尔滨工业大学, 2011.

[4] 梁国峰. 新型太阳能辅助多功能热泵系统的理论与实验研究 [D]. 浙江: 浙江大学, 2010.

[5] 陆亚俊, 马最良, 邹平华. 暖通空调 [M]. 北京: 中国建筑工业出版社, 2007.

[6] 孙皎, 刘艳峰, 王登甲. 西北地区建筑蒸发冷却与太阳能采暖组合系统末端优化研究 [J]. 四川建筑科学研究, 2015, 41 (2): 275~278.

[7] 欧科敏, 韩杰, 周晋, 等. 区域建筑冷热负荷预测方法及其研究进展 [J]. 暖通空调, 2014, 44 (10): 94~100.

[8] 中华人民共和国住房和城乡建设部. GB 50495—2009, 太阳能供热采暖工程技术规范 [S]. 北京: 中国标准出版社, 2009.

[9] David Lindelöf, Hossein Afshari, Mohammad Alisafaee, et al. Field tests of an adaptive, model-predictive heating controller for residential buildings [J]. Energy and Buildings, 2015 (99): 292~302.

[10] A. Fouda, Z. Melikyan, M. A. Mohamed, H. F. Elattar. A modified method of calculating the heating load for residential buildings [J]. Energy and Buildings, 2014 (75): 170~175.

[11] Milorad Bojić, Marko Miletić, Jovan Malešević, et al. Influence of additional storey construction to space heating of a residential building [J]. Energy and Buildings, 2012 (54): 511~518.

[12] 旷玉辉, 王如竹, 许烇雄. 直膨式太阳能热泵供热水系统的性能研究 [J]. 工程热物理学报, 2004, 25 (5): 737~740.

3　太阳能压缩式热泵系统组成

太阳能压缩式热泵系统主要由太阳能系统部分和热泵机组部分组成。太阳能系统部分主要包括集热器、储热水箱、给水泵和仪表管路等[1]。热泵部分主要包括压缩机、冷凝器、节流装置和蒸发器等[2]。

3.1　运行模式

3.1.1　串联式太阳能压缩式热泵系统

图 3-1 给出了串联式太阳能压缩式热泵系统原理。其主要包括：太阳能集热器系统、储热水箱、热泵系统和末端用户四部分。有充足光照时太阳能集热器吸收热量，然后将热量通过循环水传递至水箱，蒸发器吸收水箱中的热量通过热泵循环在冷凝器中放热供给热用户使用[3]。

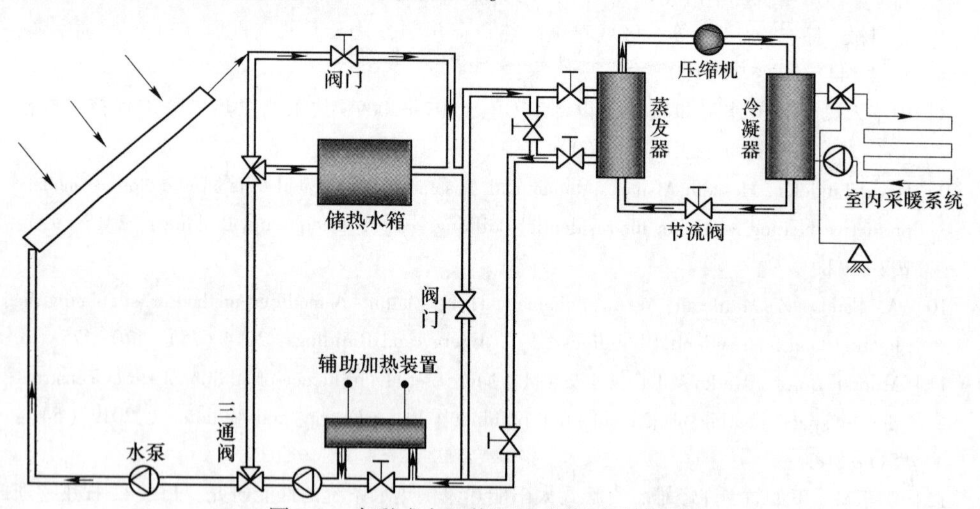

图 3-1　串联式太阳能压缩式热泵系统原理

这种方式与单独使用太阳能系统或热泵系统冬天制热的主要区别及特点有：

(1) 可以连续工作，不间断地供热；

(2) 相比单独热泵系统更节能，但是成本相对较高；

(3) 蒸发器温度大幅提高，提高了热泵系统的 *COP*；

(4) 设计更为合理，使用范围更广。

分析计算时，由前面章节计算的冷热负荷数据，对压缩式热泵机组进行设计和选型，进而确定压缩机功率和换热器换热负荷。在蒸发温度范围内，确定储热水箱循环水流量和换热温差，进一步确定太阳能集热器进出口参数和换热面积。该串联式热泵系统模式中，储热水箱内温度和蒸发温度换热温差如果过大，则换热损失比较严重，甚至热泵机组不能正常工作。

3.1.2 并联式太阳能压缩式热泵系统

图 3-2 给出了并联式太阳能压缩式热泵系统原理。其主要包括：太阳能集热器系统、储热水箱、热泵系统和末端用户四部分[4]。

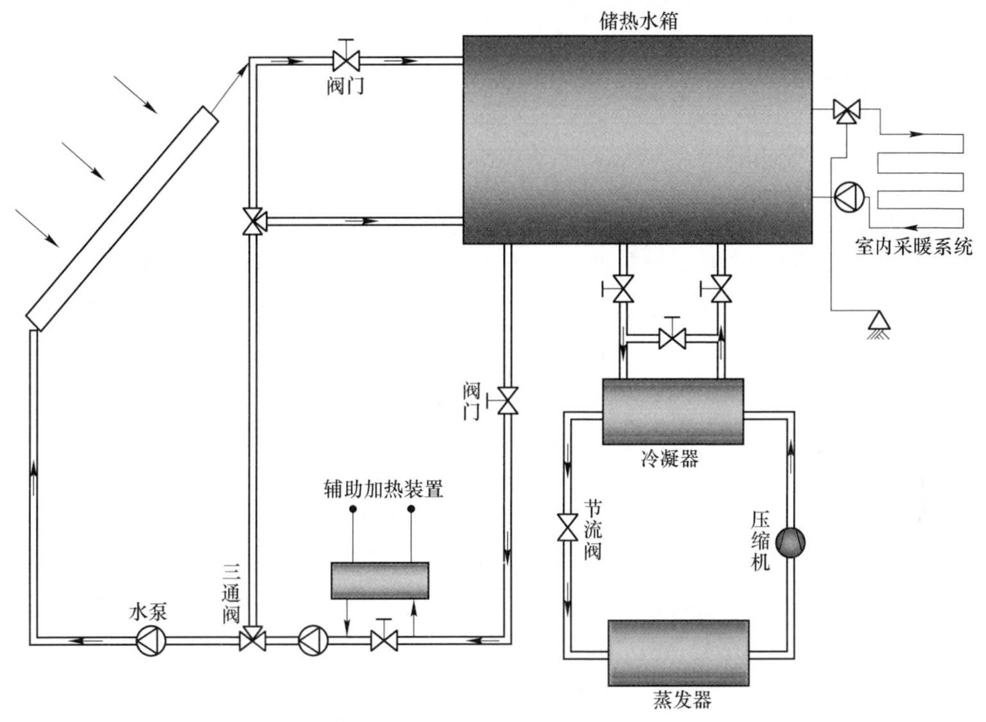

图 3-2 并联式太阳能压缩式热泵系统原理

并联式太阳能压缩式热泵系统有三种运行模式：

（1）当辐射强度足够大的时候，太阳能供热系统能够单独运行，此时热泵可以不运行，此模式最理想、最节能，但很少实现，因为太阳能单独运行一般不足以使蓄热水箱加热到要求的温度。

（2）当阴雨天等极端天气或夜间时，太阳能辐射明显不足，此时太阳能供暖系统甚至不能正常工作，此时只能单独使用热泵供暖。

（3）当太阳辐射强度较弱时，太阳能系统与热泵系统同时运行，共同为蓄热装置提供热量。

在并联式太阳能热泵系统中，供热负荷是由热泵和太阳能部分共同提供的，当太阳能部分供热不足时，热泵机组对储热水箱内热水进行加热，加热后满足要求的热水再去供暖。分析计算时，由前面章节计算的冷热负荷数据，结合热泵和太阳能供热分配比例，进而对压缩式热泵机组进行设计和选型，确定压缩机功率和换热器换热负荷。由太阳能供热分配比例，确定储热水箱循环水流量和换热温差，进一步确定太阳能集热器进出口参数和换热面积。

该并联式热泵系统模式中，如果储热水箱内温度高于热泵冷凝温度，此时热泵冷凝器起不到放热加热冷凝水的作用，反而从冷凝水中吸热，进而导致热泵不能正常工作，这是应该严格避免的。

3.2 系统组成

3.2.1 太阳能集热器

太阳能集热器是吸收太阳辐射能将低温的空气或水加热到一定温度的集热装置[5,6]。太阳能集热器主要包括真空管太阳能集热器和平板太阳能集热器。其中，真空管太阳能集热器可分为玻璃真空管集热器、热管式真空管集热器和玻璃金属结构型真空管集热器。平板太阳能集热器可分为管板式、翼管式、扁盒式和弯曲式等几种形式。

玻璃真空管太阳能集热器由多根双玻璃管组成，管层间抽真空，内管表面涂有高性能选择性材料，这种选择性材料具有高吸收率、低发射率的特征。因此玻璃真空管太阳能集热器热性能要优于平板太阳能集热器。

平板太阳能集热器主要由吸热板、玻璃盖板、保温层和外壳组成。吸热板主要吸收太阳辐射，加热液体工质，产生热水。吸热板一般采用铜或铝作为吸热材料，而吸热板外的选择性涂层材料对产品集热性能好坏尤为重要。太阳光透过盖板照射在吸热板上，加热液体工质的同时，也向四周散热，加热的液体工质再集中到热水箱内以备使用，盖板则允许太阳光这种短波透过，而盖内的红外长波不能透过。

3.2.2 太阳能储热水箱

为了获得稳定的热源供热要求，需要将太阳能压缩式热泵产生的热水储存在储热水箱内，然后由储热水箱持续稳定地提供热水负荷，同时也满足了夜间或极端天气时对热负荷的要求。

中低温（低于150℃）太阳能系统大多应用于加热或者制冷，高温（500℃）多用于热机。低温太阳能系统大多使用平板太阳能集热器，高温太阳能系统多使用槽式集热器。储热方式主要有三种类型[7]：第一种采用没有相变的显热储存；第二种是利用相变（潜热）储存热量；第三种是利用化学反应方式进行热量储存。但是，不论用哪种方式，为进行高效的热量储存，需要考虑：单位体积或者单位重量的热容量，工作方式和温度范围、温度差；进出热量的动力需求；储热水箱的体积、结构和内部温度的变化分布情况；减小储热系统热损失的方法。

在《太阳能供热采暖工程技术规范》[8]中，太阳能供暖对应每平方米太阳能集热器面积的储热水箱体积均有要求。由于无论是太阳能串联式系统还是太阳能并联式系统都属于短期蓄热太阳能供热采暖系统，每平方米太阳能集热器面积对应的水箱体积为50~150L。

3.2.3 压缩机

压缩机是蒸气压缩式热泵的驱动力，有压缩和输送制冷剂的作用，是整个压缩式热泵系统的心脏[9,10]。压缩机主要分为活塞式、转子式、涡旋式、离心式和螺杆式等几种形式。其中，活塞式压缩机应用最早，也是应用最广的压缩机，广泛应用于中小容量的制冷领域；涡旋式压缩机是被认为效率最高的压缩机类型，等熵效率可达85%以上；离心式压缩机和螺杆式压缩机主要应用于中等及中等以上容量的制冷领域，如中央空调和冷水机组等[11]。

从提高压缩机等熵效率角度考虑，可以采用双级压缩代替单级循环[12,13]，采用变频压缩机代替定频压缩机[14,15]，采用变容量压缩机代替定容量压缩机，采用数码涡旋技术代替常规的电子控制压缩机的频繁启动和频繁停机[16,17]，采用磁悬浮轴承技术降低压缩机磨损提高压缩机转速。另外，多联机技术[18,19]的采用也提高了压缩机的效率，带中间补气或带经济补偿器功能的压缩机也能较大程度地提高效率。图3-3给出了数码涡旋压缩机原理，图3-4给出了磁悬浮轴承压缩机原理，图3-5给出了压缩机效率演变历程，图3-6给出了两级压缩和三级压缩省功原理，图3-7给出了带中间补气的循环原理。

3.2.4 换热器

热泵和空调中换热器主要指冷凝器、蒸发器和回热器。从换热原理和换热器结构分，换热器主要包括管壳式、翅片式、螺旋板式和套管式等类型[20]。其中，翅片式和套管式换热器普遍应用于制冷空调行业。

从提高换热器换热量角度考虑，可以采用增加换热面积、增大对数平均温差和提高综合换热系数等。换热管也由过去的光滑管变为翅片管和带螺旋槽的波纹管；换热通道也出现了小通道、微通道等结构形式；换热器也出现了带涡流发生器和电磁振动等新型换热技术。更详细的换热器技术可参见相关文献。

图3-8给出了干式蒸发器原理，图3-9给出了满液式蒸发器原理，图3-10给出了各种套管式换热器外观，图3-11给出了换热器效率演变历程。

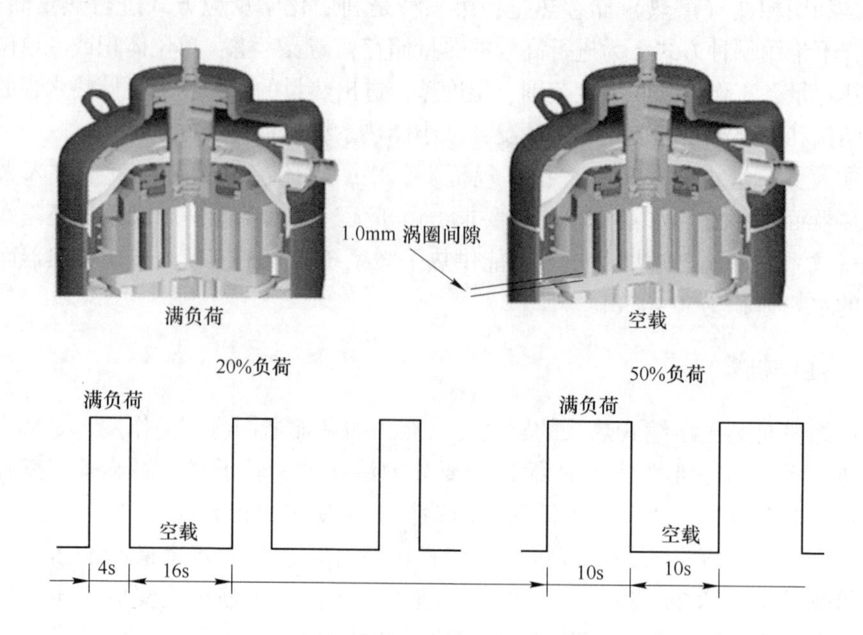

图 3-3　数码涡旋压缩机原理

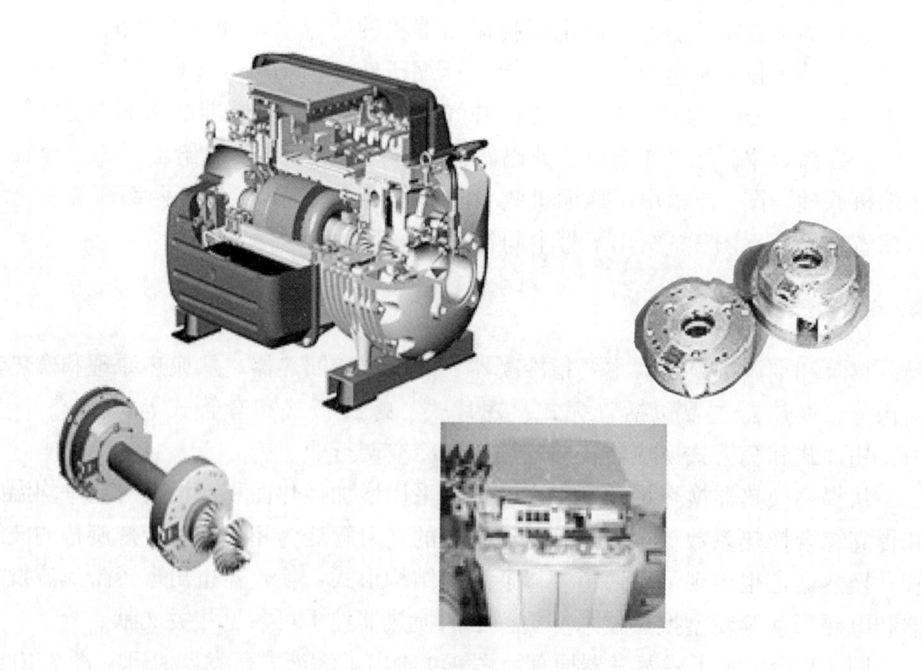

图 3-4　磁悬浮轴承压缩机

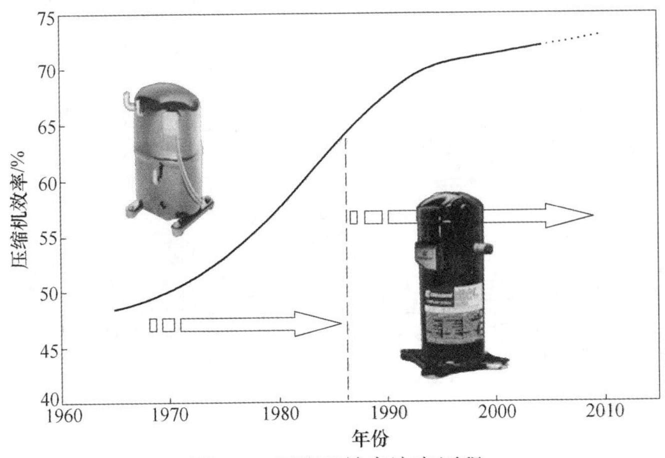

图 3-5 压缩机效率演变历程

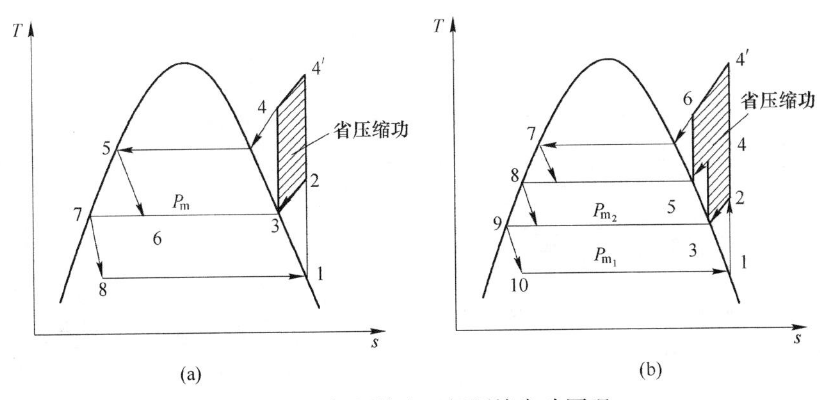

图 3-6 两级压缩和三级压缩省功原理

（a）两级压缩；（b）三级压缩

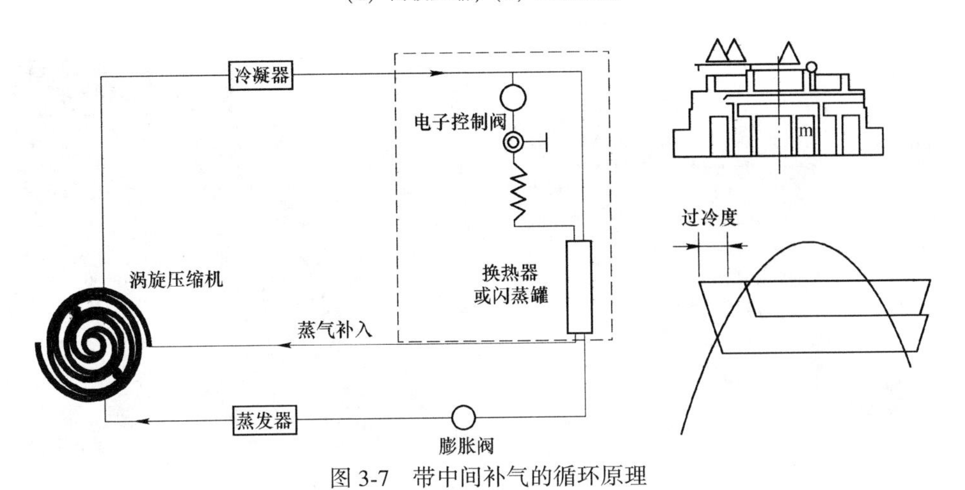

图 3-7 带中间补气的循环原理

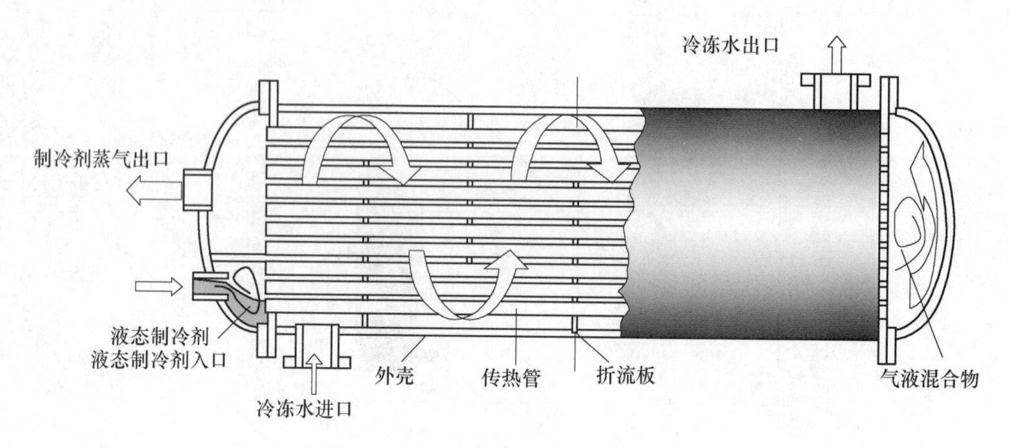

图 3-8　干式蒸发器原理

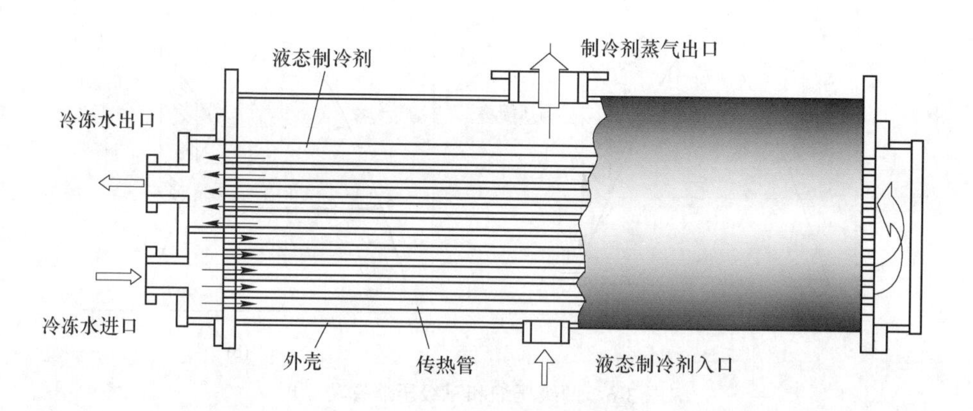

图 3-9　满液式蒸发器原理

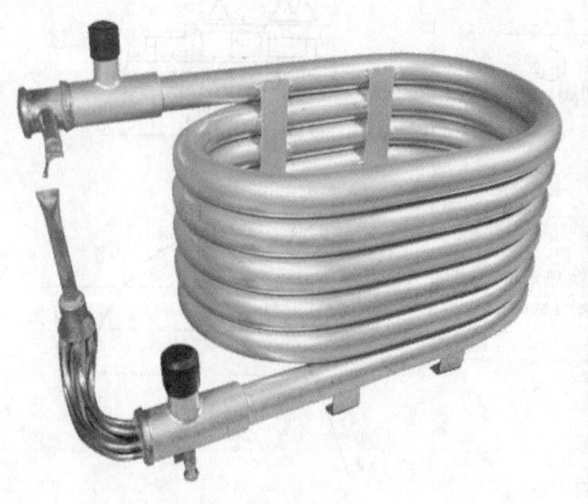

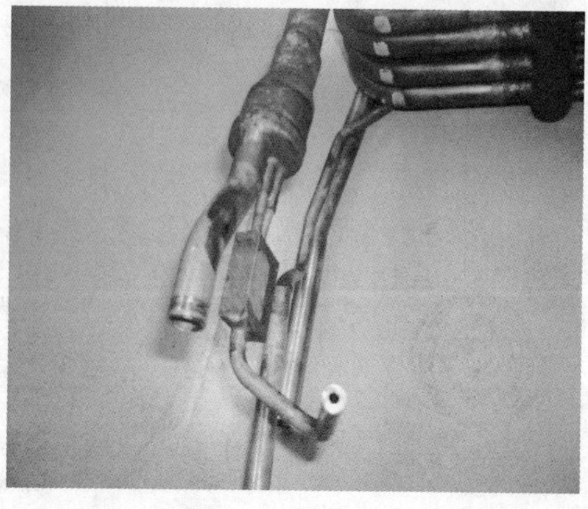

图 3-10 各种套管式换热器外观

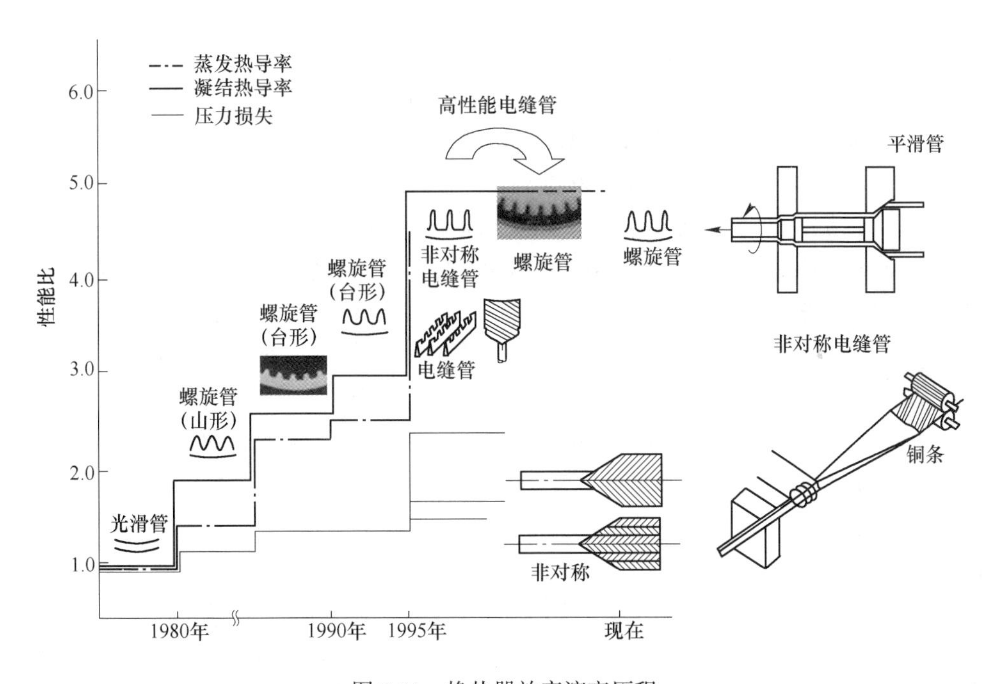

图 3-11 换热器效率演变历程

换热器计算包括设计计算和校核计算[21]。设计计算是设计一个新的换热器，以确定所需的换热面积；校核计算是对已有或已选定了换热面积的换热器，在非设计工况条件下，核算能否胜任规定的新任务。换热器计算主要公式如下：

$$\phi = kA\Delta t_{\mathrm{m}} \tag{3-1}$$

$$\phi = q_{\mathrm{mh}} c_{\mathrm{h}} (t_{\mathrm{h}}' - t_{\mathrm{h}}'') = q_{\mathrm{mc}} C_{\mathrm{c}} (t_{\mathrm{c}}'' - t_{\mathrm{c}}') \tag{3-2}$$

3.2.4.1　设计计算

对于设计计算，已知冷、热流体质量流量，冷、热流体热容，以及进出口温度中的三个，求传热系数和换热面积，步骤如下：

（1）初步布置换热面，并计算出相应的总传热系数。

（2）根据给定条件，由热平衡式求出进、出口温度中的待定的温度。

（3）由冷热流体的4个进、出口温度确定对数平均温差。

（4）由传热方程式计算所需的换热面积，并核算换热面流体的流动阻力。

（5）如果流动阻力过大，则需要改变方案重新设计。

3.2.4.2　校核计算

对于校核计算，已知换热器面积，冷、热流体质量流量，冷、热流体热容及两个进口温度，求冷、热流体出口温度，步骤如下：

（1）先假设一个流体的出口温度，按热平衡式计算另一个出口温度。

（2）根据4个进、出口温度求得平均温差。

（3）根据换热器的结构，算出相应工作条件下的总传热系数。

（4）已知传热系数、换热器面积和换热量，按传热方程式计算在假设出口温度下的对数平均温差。

（5）根据4个进、出口温度，用热平衡式计算另一个换热量，这个值和上面的换热量都是在假设出口温度下得到的，因此，都不是真实的换热量。

（6）比较两个换热量值，满足精度要求，则结束；否则，重新假定出口温度，重复上述过程，直至满足精度要求。

3.2.5　节流装置

热泵和空调中节流装置主要包括节流阀、引射器和膨胀机等[22~24]。其中，节流阀过程是高度不可逆过程，节流损失比较大。为减小节流损失，可以采用膨胀机代替节流阀回收膨胀功。天津大学已经开发了三代CO_2热泵用膨胀机样机，最高等熵效率达到45%，样机具体情况可参见相关文献。

3.3　小结

本章首先对太阳能压缩式热泵形式进行了分析，主要包括串联式太阳能压缩式热泵和并联式太阳能压缩式热泵，并对两种形式的热泵进行了对比分析。从太阳能压缩式热泵系统组成角度，分别对集热器、储热水箱、压缩机、换热器和节流装置进行了介绍，同时也对一些新技术进行了分析。

参 考 文 献

[1] 杨磊，张小松．复合热源太阳能热泵供热系统及其性能模拟［J］．太阳能学报，2011，32（1）：120~126.

[2] 王洪利，马一太，姜云涛．CO_2跨临界单级压缩带回热器与不带回热器循环理论分析与实验研究［J］．天津大学学报，2009，42（2）：137~143.

[3] 王洪利．CO_2跨临界双级循环理论分析与试验研究［D］．天津：天津大学，2008.

[4] Fong K F, Lee C K, Lin Z, et al. Application potential of solar air-conditioning systems for displacement ventilation［J］. Energy and Buildings, 2011（43）：2068~2076.

[5] 郑宏飞，吴裕远，郑德修．窄缝高真空平面玻璃作为太阳能集热器盖板的实验研究［J］．太阳能学报，2001，22（3）：270~273.

[6] 夏佰林，赵东亮，代彦军，等．扰流板型太阳能平板空气集热器集热性能［J］．太阳能学报，2011，45（6）：870~874.

[7] 周志培，孙保民．太阳能储热水箱保温计算［J］．现代电力，2009，26（5）：52~55.

[8] 中华人民共和国住房和城乡建设部．GB 50495—2009，太阳能供热采暖工程技术规范［S］．北京：中国标准出版社，2009.

[9] Hongli Wang, Yitai Ma, Jingrui Tian, et al. Theoretical analysis and experimental research on transcritical CO_2 two stage compression cycle with two gas coolers（TSCC + TG）and the cycle with intercooler（TSCC + IC）［J］. Energy Conversion and Management, 2011（52）：2819~2828.

[10] Hongli Wang, Jingrui Tian, Xiujuan Hou. On the coupled system performance of transcritical CO_2 heat pump and Rankine cycle［J］. Heat and Mass Transfer, 2013, 49（12）：1733~1740.

[11] Hiroshi Hasegawa, Mitsuhiro Ikoma, et al. Experimental and theoretical study of hermetic CO_2 scroll compressor［C］//The proceedings of the 4th IIR – Gustav Lorentzen Conference on Natural Working Fluids, Purdue, 2000：347~353.

[12] Alberto Cavallini, Luca Cecchinato, Marco Corradi, et al. Two – stage transcritical carbon dioxide cycle optimisation：A theoretical and experimental analysis［J］. International Journal of Refrigeration, 2005（28）：1274~1283.

[13] Yunho Hwang, Xudong Wang, Reinhard Radermacher. Two stage cycle with vapor injection compressor［C］. The Proceedings of the 22nd International Congress of Refrigeration, Beijing, 2007：1~6.

[14] 孙浩然，任滔，丁国良，等．一种产品数据交互式的变频压缩机理论模型［J］．制冷学报，2015，36（3）：73~78.

[15] 范立娜，陶乐仁，杨丽辉．变频转子式压缩机降低吸气干度对容积效率的影响［J］．上海理工大学学报，2014，36（4）：312~316.

[16] 丁聪，毕月虹．数码涡旋多联机冬季运行特性的试验研究［J］．制冷与空调，2012，12（4）：47~50.

[17] 赵芳平, 李光春, 孙玲琴. 数码涡旋技术在多联中央空调的节能应用 [J]. 制冷与空调, 2011, 25 (6): 566~569.
[18] 孟建军, 武卫东, 唐恒博, 等. 热泵型蓄能多联机空调系统 [J]. 制冷学报, 2015, 36 (4): 92~97.
[19] 刘志胜, 毛守博, 何建奇, 等. 多联机空调系统能效实验研究 [J]. 制冷技术, 2015 (2): 26~28.
[20] 赵军, 戴传山. 地源热泵技术与建筑节能应用 [M]. 北京: 中国建筑工业出版社, 2007.
[21] 余建祖. 换热器原理与设计 [M]. 北京: 北京航空航天大学出版社, 2006.
[22] 张振迎, 王洪利, 李敏霞, 等. 跨临界 CO_2 蒸气压缩-引射制冷循环的性能分析 [J]. 低温与超导, 2014, 42 (9): 55~59.
[23] 王洪利, 田景瑞, 马一太. CO_2 跨临界双级压缩带回热器与不带回热器循环理论分析 [J]. 热能动力工程, 2011, 26 (2): 176~180.
[24] Zhenying Zhang, Yitai Ma, Hongli Wang, et al. Theoretical evaluation on effect of internal heat exchanger in ejector expansion transcritical CO_2 refrigeration cycle [J]. Applied Thermal Engineering, 2013, 50 (1): 932~938.

4 太阳能压缩式热泵及用能方案

4.1 应用概述

随着世界经济的快速发展，对能源的需求也越来越大。传统能源的逐渐枯竭、全球环境的日趋恶化以及能源安全等问题，都决定了发展新能源将在未来世界经济发展中日趋重要。世界上许多国家重新加强了对新能源和可再生能源技术发展的支持，我国能源形势十分严峻[1]。因此，实施可持续发展战略与开发新能源是我国能源的重要保证和必然选择。

传统冬季供暖主要由热力公司统一集中供热，个别偏远农村或社区采用燃煤、燃气或燃油锅炉单独供暖。夏季制冷采用中央空调或分体式空调制冷。当然，南方有些地区利用热泵冬季供暖和夏季制冷。基于热力学原理并借助专业软件，建立几种用能方案的数学模型，进而分析系统性能。考虑到太阳能热泵[2]的优越性，本章以唐山某公司 8335m^2 厂房实现冬季制热和夏季制冷功能，进行太阳能压缩式热泵系统设计，实现节能减排、降低消耗。以此为对比基准，确定了太阳能压缩式热泵系统与传统用能方案，从燃料的选取、热泵的高效技术以及空调的节能等方面进行了分析，为下一章综合用能方案对比，进而确定最优用能方案提供基础。表 4-1 给出了该厂房面积详细分配情况。

表 4-1 唐山某公司 8335m^2 厂房给定用能面积统计

序 号	名 称	数 量	单 位
1	北风机房	120	m^2
2	西倒罐站西操作室	30	m^2
3	西倒罐站东操作室	30	m^2
4	东倒罐站西操作室	30	m^2
5	东倒罐站东操作室	30	m^2
6	分析化验楼	780	m^2
7	30m 气化操作室	20	m^2
8	30m 配电室	50	m^2
9	新一号机主操作楼共 4 层	504	m^2
10	新一号机出坯操作室	40	m^2

续表 4-1

序号	名　称	数　量	单　位
11	连铸车间办公楼	200	m^2
12	调度室共 4 层	500	m^2
13	炼钢变电所共 5 层	3000	m^2
14	东扒渣机操作室	18	m^2
15	西扒渣机操作室	18	m^2
16	5、6 号连铸机 1 操	180	m^2
17	5 号连铸机 2 操	18	m^2
18	5 号连铸机 3 操	36	m^2
19	6 号连铸机 2、3 操	36	m^2
20	3 号连铸机 1 操	50	m^2
21	3 号连铸机出坯室	40	m^2
22	连铸机化验室	50	m^2
23	1 号精炼操作室	25	m^2
24	2 号精炼操作室	25	m^2
25	3 号精炼操作室	25	m^2
26	一期配电室	150	m^2
27	二期配电室共 4 层	900	m^2
28	三期配电室	150	m^2
29	点检中心楼	1200	m^2
30	除尘配电室	80	m^2
31	合　计	8335	m^2

根据给定的设计面积，计算相应的冷、热负荷[3]，分别确定锅炉供暖、空调制冷、太阳能压缩式热泵系统参数和设备，进而对选定的用能方案进行对比分析。

各种用能方案中，锅炉用燃料分别为煤、柴油和天然气，分体式空调、集中式中央空调和太阳能压缩式热泵分别用电力驱动。

4.2　燃料情况

4.2.1　煤

燃料名称：Ⅱ类烟煤。

（1）燃料工作基成分。碳 $C^y=46.55\%$；氢 $H^y=3.06\%$；氧 $O^y=6.11\%$；氮 $N^y=$

0.86%；硫 $S^y=1.94\%$；水分 $W^y=9.00\%$；灰分 $A^y=22.48\%$；挥发分 $V^r=38.5\%$。

（2）燃料低位发热值 $Q_{DW}^y=17664.68kJ/kg$。

4.2.2 柴油

燃料名称：轻柴油。

（1）燃料工作基成分：碳 $C^{ar}=85.55\%$；氢 $H^{ar}=13.49\%$；氧 $O^{ar}=0.66\%$；氮 $N^{ar}=0.04\%$；硫 $S^{ar}=0.25\%$；水分 $W^{ar}=8.00\%$；灰分 $A^{ar}=0.01\%$；挥发分 $M^{ar}=0\%$。

（2）燃料低位发热值 $Q_{DW}^y=42900kJ/kg$。

4.2.3 天然气

燃料名称：天然气。

（1）燃料工作基成分。干成分：$CH_4=75.23\%$；$C_2H_6=10.53\%$；$C_3H_8=5.39\%$；$C_4H_{10}=2.77\%$；$C_5H_{12}=1.51\%$；$CO_2=2.76\%$；$N_2=1.81\%$。

燃料温度取25℃，则水蒸气含量 $W^y=3.13\%$。

湿成分：$CH_4=72.88\%$；$C_2H_6=10.21\%$；$C_3H_8=5.22\%$；$C_4H_{10}=2.68\%$；$C_5H_{12}=1.46\%$；$CO_2=2.67\%$；$N_2=1.75\%$。

（2）燃料高位发热量：$Q_g=45.35MJ/m^3$。

4.3 用能方案

传统供暖冬季采用燃煤、燃气和燃油锅炉，夏季制冷采用空调，或利用热泵冬季供暖和夏季制冷。本次设计方案如下：

（1）冬季锅炉供暖+夏季分体式空调制冷：1）燃煤锅炉+分体式空调；2）燃油锅炉+分体式空调；3）燃气锅炉+分体式空调。

（2）城市集中供热+分体式空调。

（3）热泵型空调冬季供暖+夏季制冷。

（4）集中式中央空调系统。

（5）太阳能压缩式热泵系统：1）压缩式热泵+A公司集热器；2）压缩式热泵+B公司集热器。

4.3.1 锅炉供暖

4.3.1.1 燃油锅炉

A 设计参数

本次燃油锅炉[4]选型为CWNS2.8-90/70-Y，主要参数如下：

（1）锅炉额定热功率：$Q=2.8\text{MW}$；

（2）锅炉额定压力：$p=1.0\text{MPa}$；

（3）回水温度：$t_{gs}=70℃$；

（4）冷空气温度：$t_{lk}=20℃$；

（5）出水温度：$t_{cs}=95℃$。

B　轻柴油燃料

燃料工作基[5]成分：

（1）碳 $C^{ar}=85.55\%$；氢 $H^{ar}=13.49\%$；氧 $O^{ar}=0.66\%$。

（2）氮 $N^{ar}=0.04\%$；硫 $S^{ar}=0.25\%$；水分 $W^{ar}=8.00\%$。

（3）灰分 $A^{ar}=0.01\%$；挥发分 $M^{ar}=0\%$。

（4）燃料低位发热值 $Q_{DW}^{y}=42900\text{kJ/kg}$。

C　辅助计算

a　空气平衡

表 4-2 给出了过量空气系数及漏风系数。

表 4-2　过量空气系数及漏风系数

烟道名称	过量空气系数		漏风系数
	α'	α''	$\Delta\alpha$
炉膛		1.45	0.1
燃尽室	1.45	1.55	0.05
锅炉管束	1.55	1.60	0.1
省煤器	1.60	1.75	0.15
空气预热器	1.75	1.85	0.1

b　燃烧产物容积和焓

理论空气量：

$$\begin{aligned}V_0 &= 0.0889(C^{ar}+0.375S^{ar})+0.265H^{ar}-0.0333O^{ar}\\ &= 0.0889\times85.55+0.0333\times0.25+0.267\times13.49-0.0333\times0.66\\ &= 11.2\text{m}^3/\text{kg}\end{aligned} \tag{4-1}$$

RO_2理论容积（标态）：

$$\begin{aligned}V_{RO_2} &= 0.01866(C^{ar}+0.375S^{ar})\\ &= 0.01866\times(85.55+0.375\times0.25)\\ &= 1.6\text{m}^3/\text{kg}\end{aligned} \tag{4-2}$$

N_2理论容积（标态）：

$$V_{N_2}=0.79V_0+0.8N^{ar}/100$$

$$= 0.79 \times 11.2 + 0.8 \times 0.04/100$$
$$= 8.85\text{m}^3/\text{kg} \tag{4-3}$$

H_2O 理论容积（标态）：

$$V_{H_2O} = 0.111\text{H}^y + 0.0124\text{W}^y + 0.0161V_0$$
$$= 0.111 \times 13.49 + 0.0124 \times 8 + 0.0161 \times 11.2$$
$$= 1.78\text{m}^3/\text{kg} \tag{4-4}$$

实际空气需要量：

$$V_{实际} = V_0 \times 1.45 = 11.2 \times 1.45 = 16.24\text{m}^3/\text{kg} \tag{4-5}$$

实际烟气生成量：

$$V_n = (\text{C}/12 + \text{S}/32 + \text{H}/2 + \text{W}/18 + \text{N}/28) \times 22.4/100 + (n - 21/100)L_0 + 0.00124gL_n \tag{4-6}$$

$$V_n = (85.55/12 + 0.25/32 + 13.49/2 + 8.00/18 + 0.04/28) \times 22.4/100 + (1.45 - 1) \times 11.2 + (1 + 0.00124 \times 9.8) \times 1.45 \times 11.2 = 24.7\text{m}^3/\text{kg} \tag{4-7}$$

D 燃料消耗量及循环水量

单位时间所需要的燃油量：

G = 热水出水量 ×（出水热焓 - 进水热焓）/（低位发热值 × 热效率）（4-8）

其中，柴油低位发热值为 42900 kJ/kg；汽油低位发热值为 43062 kJ/kg；原油/重油低位发热值为 44833kJ/kg；渣油低位发热值为 37646 kJ/kg。

进出水焓可根据温度为 20℃，焓为 83.74kJ/kg 进行换算，由式（4-8）得：

$$G'_x = 3600 \times Q_{max}/[c_p \times (t_1 - t_2)] \tag{4-9}$$

式中 G'_x——锅炉循环水量，kg/h；

Q_{max}——最大热负荷，kW；

c_p——水的定压比热，取值为 4.187kJ/(kg·℃)；

t_1——锅炉供水温度，95 ℃；

t_2——锅炉回水温度，70 ℃。

采暖季循环水量为：

$$G'_{x1} = 3600 \times 414/[4.187 \times (95 - 70)] = 1.42 \times 10^4\text{kg/h} \tag{4-10}$$

出水热焓-进水热焓 = 3950-83.74 = 3866.26kJ/kg，低位发热量为 42900kJ/kg，锅炉热效率 η 取 0.9。计算可知每小时所需燃油量 $G = 14.2\times1000\times290/(42900\times0.9) = 107\text{kg/h}$。

E 给水系统循环水量

a 循环水泵的流量

$$G_x = (1 + K_3)G'_{x1} \tag{4-11}$$

式中　K_3——补给率，取4%。

得　$$G_x = (1 + 0.04) \times 14.2 \times 10^3 = 14.768\text{kg/h}$$

b　循环水泵的扬程

锅炉循环水系统为闭式系统，循环水泵的扬程仅考虑克服整个系统的阻力损失，即：

$$H > H_1 + H_2 + \sum \Delta H_{xs} \tag{4-12}$$

式中　H_1——热水锅炉的阻力损失，取为3mH_2O；

H_2——热交换器的阻力损失，取为3mH_2O；

$\sum \Delta H_{xs}$——循环水系统总阻力损失。

由前面循环水系统的水力计算知：$\sum \Delta H_{xs} = 8.11mH_2O$。

则，$H>3+3+8.11 = 14.11mH_2O$。

故循环水泵选用SB100-80-146K型水泵，流量$G = 110m^3/h$，扬程$H = 24mH_2O$，转速$n = 2900r/min$，选用2台水泵，其中一台备用。

F　结果汇总

结果汇总见表4-3。

表4-3　结果汇总

序　号	名　称	单　位	符　号	数　值
1	理论空气量	m^3/kg	V_0	11.2
2	实际空气需要量	m^3/kg	$V_{实际}$	13.24
3	实际烟气生成量	m^3/kg	V_n	24.7
4	单位时间所需要的燃油量	kg/h	G	107
5	循环水泵数量	台	n	1

4.3.1.2　燃气锅炉

A　设计参数

本次燃气锅炉选型为CWNS2.8-90/70-Y，主要参数如下：

(1) 锅炉额定热功率：$Q = 2.8MW$；

(2) 锅炉额定压力：$p = 1.0MPa$；

(3) 回水温度：$t_{gs} = 70℃$；

(4) 冷空气温度：$t_{lk} = 20℃$；

(5) 出水温度：$t_{cs} = 95℃$。

B　天然气

(1) 干成分：$CH_4 = 75.23\%$；$C_2H_6 = 10.53\%$；$C_3H_8 = 5.39\%$；$C_4H_{10} =$

2.77%；C_5H_{12}=1.51%；CO_2=2.76%；N_2=1.81%。

（2）燃料温度取25℃，则水蒸气含量 W^y=3.13%。

（3）湿成分：CH_4 = 72.88%；C_2H_6 = 10.21%；C_3H_8 = 5.22%；C_4H_{10} = 2.68%；C_5H_{12}=1.46%；CO_2=2.67%；N_2=1.75%。

（4）燃料高位发热量：Q_g=45.35MJ/m³。

C 辅助计算

（1）气体燃料燃烧理论空气量与理论烟气量的分析计算。表4-4给出了过量空气系数及漏风系数。

表4-4 过量空气系数及漏风系数

烟道名称	过量空气系数		漏风系数
	α'	α''	$\Delta\alpha$
炉　膛		1.45	0.1
燃尽室	1.45	1.55	0.05
锅炉管束	1.55	1.60	0.1
省煤器	1.60	1.75	0.15
空气预热器	1.75	1.85	0.1

（2）气体燃料燃烧理论空气量：

$$\begin{aligned}V_k^0 &= 0.0952CH_4 + 0.0476(m + n/4)C_mH_n \\ &= 0.0952 \times 72.88 + 0.0476 \times [(2 + 6/4) \times 10.21 + (3 + 8/4) \times \\ &\quad 5.22 + (4 + 10/4) \times 2.68 + (5 + 12/4) \times 1.46] \\ &= 11.26\text{m}^3/\text{m}^3\end{aligned} \tag{4-13}$$

（3）气体燃料燃烧理论烟气量：

$$\begin{aligned}V_y^0 &= [3CH_4 + (m + n/2)C_mH_n + CO_2]/100 + 0.79V_k^0 \\ &= (3 \times 72.88 + 5 \times 10.21 + 7 \times 5.22 + 9 \times 2.68 + \\ &\quad 11 \times 1.46 + 2.67)/100 + 0.79 \times 11.26 \\ &= 12.39\text{m}^3/\text{m}^3\end{aligned} \tag{4-14}$$

D 干烟气量的计算

（1）空气过剩系数。空气过剩系数 α 取1.15，实际空气需要量为：

$$V_k = 1.15 \times 11.26 = 12.949\text{m}^3/\text{m}^3 \tag{4-15}$$

（2）气体燃料的干烟气量：

$$\begin{aligned}V_g &= V_y^0 + (\alpha - 1) \times V_k^0 - (2CH_4 + n/2C_mH_n + H_2O)/100 \\ &= 12.39 + 0.15 \times 11.26 - (2 \times 72.88 + 6/2 \times 10.21 + \\ &\quad 8/2 \times 5.22 + 10/2 \times 2.68 + 12/2 \times 1.46 + 3.13)/100 \\ &= 11.853\text{m}^3/\text{m}^3\end{aligned} \tag{4-16}$$

（3）烟气中水蒸气的含量：

$$S = 1.293 \times V_k \times d + 18/22.4 \times (2CH_4 + n/2C_mH_n + H_2O)/100$$
$$= 1.293 \times 12.949 \times 0.0164 + 18/22.4 \times (2 \times 72.88 + 6/2 \times 10.21 + 8/2 \times 5.22 + 10/2 \times 2.68 + 12/2 \times 1.46 + 3.13)/100$$
$$= 2.063 kg/m^3 \quad (4\text{-}17)$$

E 单位时间所需燃气量

此次使用4t/h燃气热水锅炉，每天工作24h，年有效运行时间120天。锅炉小时产汽量 $D_1 = 4000kg$；额定蒸气压力为0.8MPa，查饱和蒸气表，蒸气热焓 $i_2 = 2773.7kJ/kg$；一般情况下，锅炉给水温度为20℃，则给水热焓 $i_1 = 83.74kJ/kg$；天然气高位发热值 $Q_g = 45.35MJ/m^3$；锅炉热效率 $\zeta = 0.8$。表4-5给出了设计热效率取值。

每小时耗气量：

$$B_1 = D_1 \times (i_2 - i_1)/Q \times \zeta$$
$$= 4000 \times (2773.7 - 83.74)/45350 \times 0.8$$
$$= 189.81 m^3/h \quad (4\text{-}18)$$

采暖季循环水量为：

$$G'_{x1} = 3600 \times 424/[4.187 \times (95 - 70)] = 1.42 \times 10^4 kg/h$$

表4-5 设计热效率取值

燃料品种	锅炉容量 D/MW	
	$D \leq 1.4$	$D > 1.4$
	锅炉热效率/%	
重油	86	88
轻油	88	90
气	88	90

F 循环水泵的选择

（1）循环水泵总流量：

$$G_x = (1 + K_3)G'_{x1} \quad (4\text{-}19)$$

式中 K_3——补给率，取4%。

得 $$G_x = (1 + 0.04) \times 14.2 \times 10^3 = 1.4768 \times 10^4 kg/h$$

（2）循环水泵的扬程。循环水系统为闭式系统，计算循环水泵的扬程仅考虑克服整个系统阻力损失，即：

$$H > H_1 + H_2 + \sum \Delta H_{xs} \quad (4\text{-}20)$$

式中 H_1——热水锅炉的阻力损失，取为 $3mH_2O$；

H_2——热交换器的阻力损失，取为 $3mH_2O$；

$\sum\Delta H_{xs}$——循环水系统总阻力损失。

由前面循环水系统的水力计算知：

$\sum\Delta H_{xs}=8.11mH_2O$。则，$H>3+3+8.11=14.11mH_2O$。故循环水泵选用SB100-80-146K型水泵，流量 $G=110m^3/h$，扬程 $H=24mH_2O$，转速 $n=2900r/min$，选用2台水泵，其中一台备用。

G 结果汇总

结果汇总见表4-6。

表4-6 结果汇总

序号	名称	单位	符号	数值
1	理论空气量	m^3/m^3	V_k^0	11.26
2	实际空气需要量	m^3/m^3	V_k	12.949
3	气体燃料干烟气量	m^3/m^3	V_g	11.853
4	理论烟气生成量	m^3/m^3	V_y^0	12.39
5	单位时间所需要的燃油量	m^3/h	B_1	189.81
6	循环水泵数量	台	n	1
7	烟气中水蒸气的含量	kg/m^3	S	2.063

4.3.1.3 燃煤锅炉

A 设计参数

此次燃煤锅炉型号选用WWW2.8-1.0/90/70-AII，主要参数如下：

（1）锅炉额定热功率：$Q=2.8MW$；

（2）锅炉额定压力：$p=1.0MPa$；

（3）回水温度：$t_{gs}=70℃$；

（4）冷空气温度：$t_{lk}=20℃$；

（5）出水温度：$t_{cs}=95℃$。

B 燃煤燃料

燃料工作基成分：

（1）碳 $C^y=46.55\%$；氢 $H^y=3.06\%$；氧 $O^y=6.11\%$。

（2）氮 $N^y=0.86\%$；硫 $S^y=1.94\%$；水分 $W^y=9.00\%$。

（3）灰分 $A^y=22.48\%$；挥发分 $V^r=38.5\%$。

（4）燃料低位发热值 $Q_{DW}^y=17664.68kJ/kg$。

C 辅助计算

a 空气平衡

过量空气系数及漏风系数见表4-7。

表 4-7 过量空气系数及漏风系数

名 称	过量空气系数		漏风系数
	α'	α''	$\Delta\alpha$
炉膛		1.45	0.1
燃尽室	1.45	1.55	0.05
锅炉管束	1.55	1.60	0.1
省煤器	1.60	1.75	0.15
空气预热器	1.75	1.85	0.1

b 燃烧产物的容积和焓

理论空气量：

$$V_0 = 0.0889(C^{ar} + 0.375S^{ar}) + 0.265H^{ar} - 0.0333O^{ar}$$
$$= 0.0889 \times (46.55 + 0.375 \times 1094) + 0.265 \times 3.06 + 6.11$$
$$= 4.81\text{m}^3/\text{kg} \quad (4\text{-}21)$$

RO_2理论容积（标态）：

$$V_{RO_2} = 0.01866(C^{ar} + 0.375S^{ar})$$
$$= 0.01866 \times (46.55 + 0.375 \times 1.94)$$
$$= 0.882\text{m}^3/\text{kg} \quad (4\text{-}22)$$

N_2理论容积（标态）：

$$V_{N_2} = 0.79V_0 + 0.8N^{ar}/100$$
$$= 0.79 \times 4.81 + 0.8 \times 0.86/100$$
$$= 3.807\text{m}^3/\text{kg} \quad (4\text{-}23)$$

H_2O 理论容积（标态）：

$$V_{H_2O} = 0.111H^y + 0.0124W^y + 0.0161V_0$$
$$= 0.111 \times 3.06 + 0.0124 \times 0.9 + 0.0161 \times 4.81$$
$$= 0.529\text{m}^3/\text{kg} \quad (4\text{-}24)$$

实际空气需要量：

$$V_{实际} = V_0 \times 1.4 = 4.81 \times 1.4 = 6.734\text{m}^3/\text{kg} \quad (4\text{-}25)$$

实际烟气生成量：

$$V_n = (C/12 + S/32 + H/2 + W/18 + N/28) \times 22.4/100 + (n - 21/100)$$
$$L_0 + 0.00124gL_n \quad (4\text{-}26)$$

$$V_n = (46.55/12 + 1.94/32 + 3.06/2 + 9.00/18 + 0.86/28) \times 22.4/100 +$$
$$(1.4 - 1) \times 4.81 + (1 + 0.00124 \times 9.8) \times 1.4 \times 4.81$$
$$= 7.08\text{m}^3/\text{kg}$$

D 燃料消耗量及循环水量

单位时间所需要的燃煤量由公式 $B_j = B \times (100 - q_4)/100$ 可得：

$$B_j = B \times (100 - q_4)/100 = 718\text{kg/h}$$

进出水焓可根据温度为20℃，焓为83.74kJ/kg进行换算，由式（4-8）得：

$$G'_x = 360 \times Q_{max}/[c_p \times (t_1 - t_2)] \tag{4-27}$$

式中 G'_x——锅炉循环水量，kg/h；

Q_{max}——最大热负荷，kW；

c_p——水的定压比热，4.187kJ/(kg·℃)；

t_1——锅炉供水温度，95℃；

t_2——锅炉回水温度，70℃。

采暖季循环水量为：

$$G'_{x1} = 3600 \times 424/[4.187 \times (95 - 70)] = 1.42 \times 10^4\text{kg/h}$$

出水热焓－进水热焓＝3950－83.74＝3866.26kJ/kg，低位发热量为17664.68kJ/kg，锅炉热效率 η 取0.9。计算可知每小时所需燃煤量 G=718kg。

E 给水系统循环水量

（1）循环水泵的流量：

$$G_x = (1 + K_3)G'_{x1} \tag{4-28}$$

式中 K_3——补给率，取4%。

得 $$G_x = (1 + 0.04) \times 14.2 \times 10^3 = 1.4768 \times 10^4\text{kg/h}$$

（2）循环水泵的扬程。锅炉循环水系统为闭式系统，循环水泵的扬程仅考虑克服整个系统的阻力损失，即：

$$H > H_1 + H_2 + \Sigma\Delta H_{xs} \tag{4-29}$$

式中 H_1——热水锅炉的阻力损失，取为3mH_2O；

H_2——热交换器的阻力损失，取为3mH_2O；

$\Sigma\Delta H_{xs}$——循环水系统总阻力损失。

由前面循环水系统的水力计算知：$\Sigma\Delta H_{xs}$=8.11mH_2O，则 H=3+3+8.11=14.11mH_2O。

循环水泵选用SB100-80-146K型，流量 G=110m³/h，扬程 H 为24mH_2O，转速 n=2900r/min，选用2台水泵，其中一台备用。

F 结果汇总

空气量、烟气生成量和燃料量等数据见表4-8。

表4-8 结果汇总表

序号	名 称	单 位	符 号	数 值
1	理论空气量	m^3/kg	V_0	4.81
2	实际空气需要量	m^3/kg	$V_{实际}$	6.734

续表 4-8

序号	名 称	单 位	符 号	数 值
3	实际烟气生成量	m^3/kg	V_n	7.08
4	单位时间所需要的燃煤量	kg/h	G	718
5	循环水泵数量	台	n	3

4.3.2 分体式空调

在我国，制冷量小于 14kW 的窗式空调器、分体空调器统称为房间空气调节器，简称为空调器；制冷量大于 7000W（没有上限）的分体式空调，室外换热器用空气或水作为热源，大多数有多个室内换热器（终端），制冷剂流到室内与空气换热，称为单元式空气调节机，简称为空调机。前者多数用于民用，后者多数用于小型商场、宾馆或写字楼。这两种空调系统在本质上没有多大区别，并有 7000~14000W 范围的重合。

4.3.2.1 空调系统及应用现状

房间空调器因体积小、价格便宜、性能可靠、操作灵活等诸多优点而被家庭广泛采用，其种类和系统原理如图 4-1 和图 4-2 所示。目前，中国已经是房间空调器生产和消费的大国。据国家统计局数字，中国的空调产量从 1995 年的 520 万台每年以近 40%左右的速度增加，产量约占世界总产量的 30%[6]。

单元式空调机具有结构紧凑、占地面积小、安装与使用方便的特点，图 4-3 所示为其系统原理图。

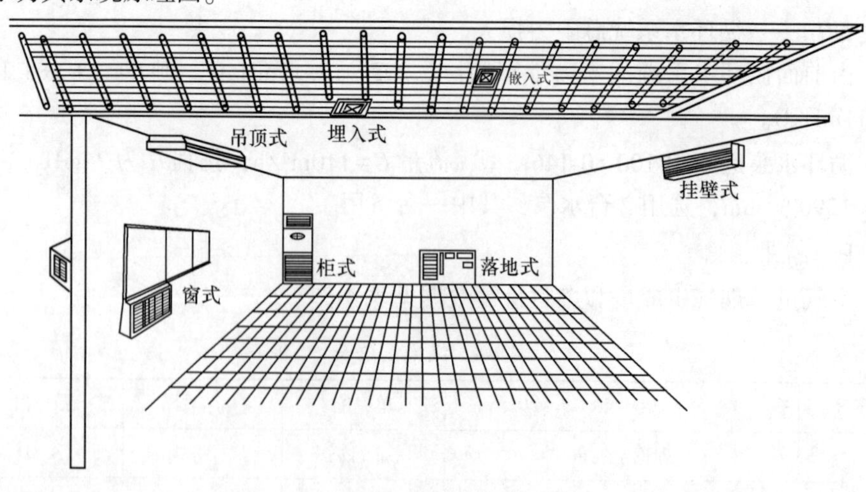

图 4-1 房间空调器类型

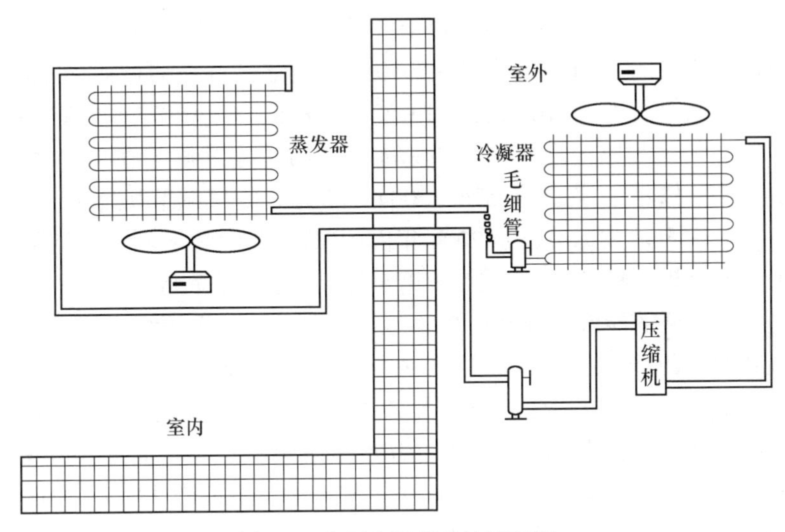

图 4-2 房间空调器系统原理图

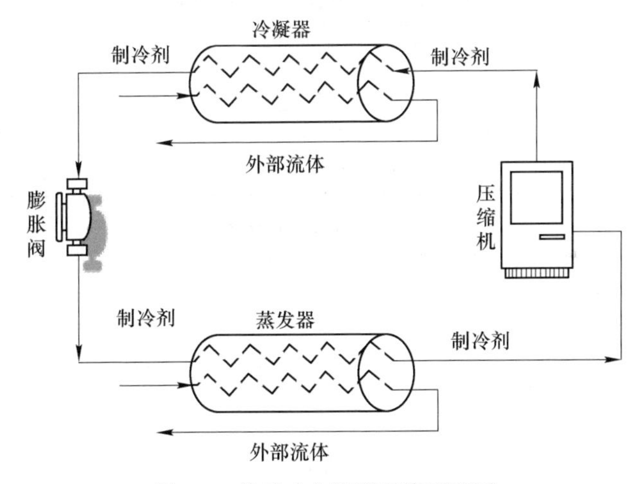

图 4-3 单元式空调器系统原理图

4.3.2.2 空调系统能效水平研究

虽然房间空调器和单元式空调功率比较小，但因其数量众多，能耗总量也很巨大。可见，对我国房间空调器和单元式空调机当前的能效[7]现状进行一个全面客观的分析，并在此基础上探讨提高能效的可能性是有重要现实意义的。

2003 年，我国家用空调器企业产品的能效比平均水平在 2.5~3.3 之间，中小企业产品的实测平均值在 2.2~2.5 之间，这远低于发达国家水平。日本 2004 年生效的新能源法，规定制冷量小于 2500W 的分体式空调的能效比应达到 5.27 以上；2500~3200W 的分体式空调器的能效比应达到 4.90 以上；3200~4000W

的分体式空调的能效比应达到 3. 65 以上[8~10]。

最新修订出台的《GB 12021. 3—2010 房间空气调节器能源效率限定值及能效等级》[11]代替原来《GB 12021. 3—2004 房间空气调节器能源效率限定值及能效等级》[12]。与原标准相比，新标准对产品的能效限定值和能效指标限定更规范更严格。修正的《GB 19576—2004 单元式空气调节机能源效率限定值及能效等级》[13,14]能效标准已于 2004 年由国家质量监督检验检疫总局、国家标准化管理委员会正式批准，并于 2005 年 5 月 1 日起正式实施。

欧盟国家空调的能效比标准从 2. 2~3. 2 共划分为 7 个等级[15]。美国从 2006 年起推行新的空调能效标准，家用中央空调的季节能效比标准将强制提升至 3. 25，这将比现有市场中出售的空调能效提高 30%，最高能效标准将达到 3. 6。日本对空调标准规定更为严格，要求 *COP* 值小于 4 的空调不能进入市场。

表 4-9 给出了空调器能源效率限定值，要求空调器能效比实测值应不小于表 4-9 中的规定值。表 4-10 为房间空调器能源效率等级指标。

表 4-9 房间空调器能源效率限定值

类 型	额定制冷量（CC）/W	能效比（EER）
整体式		2. 30
分体式	CC≤4500	2. 6
	4500<CC≤7100	2. 5

表 4-10 房间空调器能源效率等级指标

类型	额定制冷量（CC）/W	能效比（EER）				
		5	4	3	2	1
整体式		2. 30	2. 50	2. 70	2. 90	3. 10
分体式	CC ≤4500	2. 60	2. 80	3. 00	3. 20	3. 40
	4500<CC≤7100	2. 50	2. 70	2. 90	3. 10	3. 30
	7100<CC≤14000	2. 40	2. 60	2. 80	3. 00	3. 20

表 4-11 给出了单元式空调能效比限定值，要求单元式空调机的能效比实测值应大于等于表 4-11 的规定值。

表 4-11 单元式空调机能效比限定值

类 型		能效比（EER）
风冷式	不接风管	2. 4
	接风管	2. 1
水冷式	不接风管	2. 8
	接风管	2. 5

根据表4-12判定产品的能源效率等级，此能源效率等级应与该类型产品的额定能源效率等级一致，暂不包括多联机。

表4-12 单元式空气调节能源效率等级指标（额定制冷量大于7000W）

类型		能效比（EER）				
		1	2	3	4	5
风冷式	不接风管	3.2	3.0	2.8	2.6	2.4
	接风管	2.9	2.7	2.5	2.3	2.1
水冷式	不接风管	3.6	3.4	3.2	3.0	2.8
	接风管	3.3	3.1	2.9	2.7	2.5

4.3.2.3 空调和热泵可逆性分析

压缩式热泵/空调原理如图4-4所示。

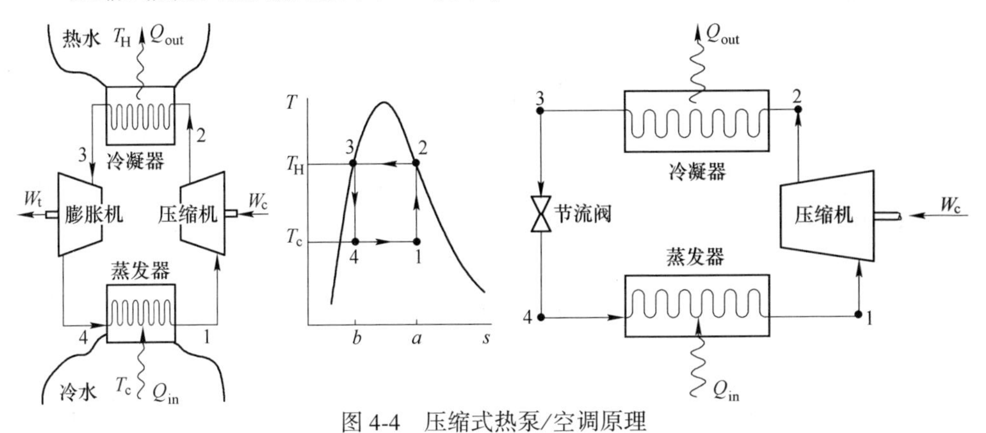

图4-4 压缩式热泵/空调原理

如图4-4所示，压缩机耗功 W，供热量 Q_1，吸热量 Q_2。定义：制热系数为 φ，性能系数为 COP。

$$COP=\varphi=\frac{Q_1}{W} \tag{4-30}$$

逆向卡诺循环1-2-3-4-1，最大制热系数：

$$\varphi_{\max}=\frac{Q_1}{Q_1-Q_2}=\frac{T_H}{T_H-T_L}=\frac{1}{1-\frac{T_L}{T_H}} \tag{4-31}$$

考虑温差制热（图4-5），最大制热系数：

$$\varphi'_{\max}=\frac{T_1}{T_1-T_2}=\frac{1}{1-\frac{T_2}{T_1}} \tag{4-32}$$

由于存在不可逆损失，则：

$$\varphi < \varphi'_{max} < \varphi_{max} \tag{4-33}$$

实际计算时，则：

$$\varphi = \eta\varphi'_{max} \tag{4-34}$$

式中，η 取 0.45~0.75，通常取 0.6。

冷源温度 T_L，吸热量 Q_2。㶲值为：

$$Ex_{Q,L} = \frac{T_L - T_0}{T_L}Q_2 = \frac{T_L - T_0}{T_L}(Q_1 - W) \tag{4-35}$$

热源温度 T_H，放热量 Q_1。㶲值为：

$$Ex_{Q,H} = \frac{T_H - T_0}{T_H}Q_1 \tag{4-36}$$

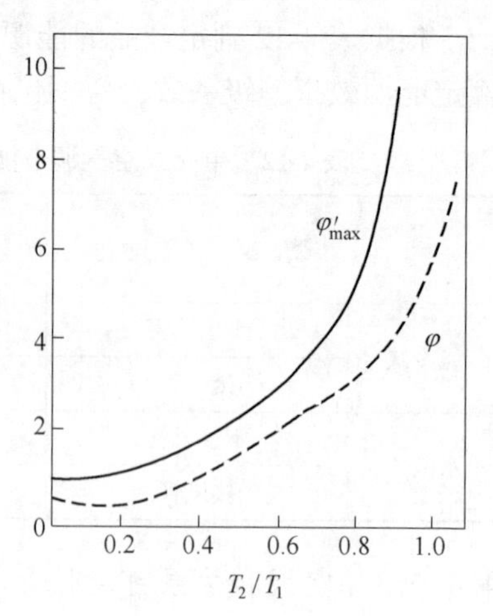

图 4-5　制热系数/考虑温差后最大制热系数

㶲损失系数：

$$\zeta = \frac{\sum I_i}{W} = \sum\zeta_i \tag{4-37}$$

㶲平衡为：

$$W = Ex_{Q,H} - Ex_{Q,L} + \sum I_i \tag{4-38}$$

整理后得：

$$W = \frac{1 - (T_L/T_H)}{1 - (\zeta T_L/T_0)}Q_1 \tag{4-39}$$

实际制热系数：

$$\varphi = \frac{Q_1}{W} = \frac{T_H}{T_H - T_L}\left(1 - \frac{T_L}{T_0}\zeta\right) = \left(1 - \frac{T_L}{T_0}\zeta\right)\varphi_{max} \tag{4-40}$$

热泵的㶲效率：

$$\eta_{e,H} = \frac{\varphi}{\varphi_{max}} = 1 - \frac{T_L}{T_0}\zeta \tag{4-41}$$

图 4-6 给出了带温差和不带温差的逆卡诺循环[16,17] T-s 图，图 4-7 给出了蒸气压缩式空调各种循环 T-s 图。由图可知，相同对比基准，逆卡诺循环制冷系数为 37.5，带温差的逆卡诺循环制冷系数为 5.94，理想蒸气压缩式循环制冷系数为 4.79，而实际蒸气压缩式循环制冷系数仅为 2.8。

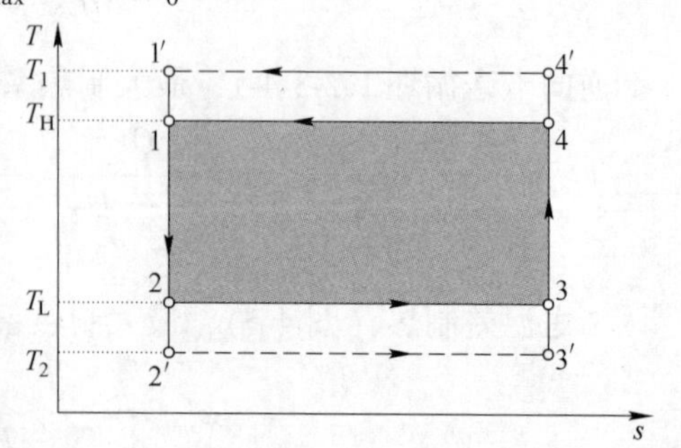

图 4-6　带温差和不带温差的逆卡诺循环 T-s 图

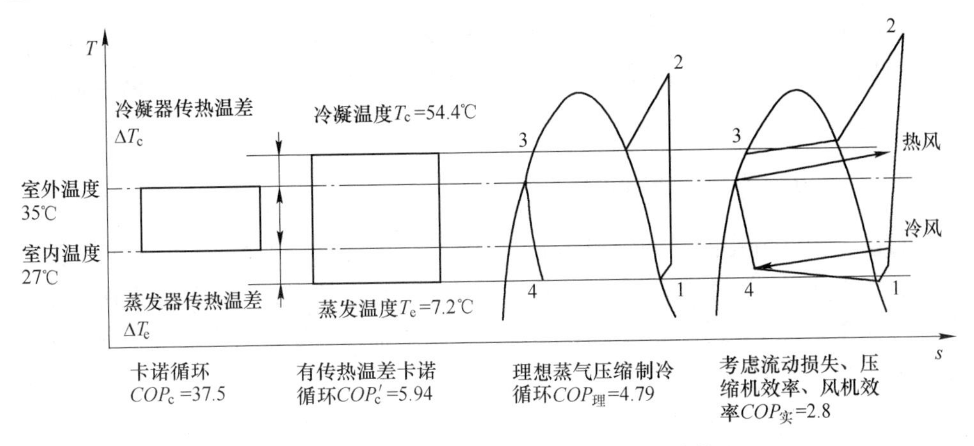

图 4-7　蒸气压缩式空调器各种循环 T-s 图

4.3.3　空调系统节能技术

4.3.3.1　高效压缩机技术

家用空调压缩机结构形式主要有滚动转子式和涡旋式。压缩机的耗电量占整个空调电耗的 80%以上，因此，提高压缩机的效率有着十分重要的意义[18]。

滚动转子式压缩机体积小、零部件少，尤其易损件少、运转平稳、振动小、可靠性高、能效比高。提高压缩机效率的途径主要有：提高加工和装配精度，对压缩机结构进行最优化设计，改进排气阀结构，增大电机叠片厚度，采用特低铁损高磁通量的硅钢片和提高槽前率等；降低压缩机噪声主要通过更好的动、静平衡来减小振动，缓冲压力脉动，以及设计更好的消声器等途径来实现；而提高压缩机的可靠性主要通过改进材料、加强工艺控制、强化实验手段，特别加工和设计保护元件和连接元件等途径来实现；利用彻底清除垃圾、应用高强度材料、进行各种试验以及根据不同情况配以不同储液器来确保压缩机的可靠性。为适应市场对大冷量压缩机的需求，又开发了双转子式滚动转子压缩机，通过均匀变化的转矩，在外形尺寸增加不多的情况下使制冷量增加一倍，以满足空调机对更大冷量的要求。

涡旋式压缩机压力损失小、容积效率高、噪声低、易于实现变容量控制、可靠性高，是一类较新型的压缩机。为提高涡旋式压缩机效率，主要途径有：改进涡盘加工制造工艺，降低成本；提高加工和装配精度，降低泄漏损失；研究变转速下涡旋式压缩机性能，提高工作转速；研究开发自转型涡旋式压缩机等。

4.3.3.2　高效换热器设计

换热器是制冷和热泵装置中的重要设备，直接决定系统制冷和制热的效果。常用的换热器形式有板式、翅片式、管壳式和套管式等几种，换热管也由最初的光滑管过渡到现在的各种波纹管、翅片管。在换热器设计时充分考虑油膜的影响，使用了一些新的材质和技术。另外，适应不同制冷剂特性，一些微通道换热器也应运而生，并且在实际运行中取得了良好效果。

4.3.3.3 电子膨胀阀代替毛细管

目前绝大部分房间空调器采用毛细管作为节流元件，毛细管结构简单、运行可靠，但适应负荷变化的能力比较差。为了弥补这个缺点，不少热泵型房间空调器在冷风型系统所配置的主毛细管基础上，增加辅助毛细管与主毛细管串联来改变节流参数，从而使节流系统具有两个参数，分别适应两种运行方式。尽管如此，由于节流参数只能在最佳工作点范围内调整，系统运行状态点与最佳工作点偏离过大，系统运行效率下降幅度就越大。

当然，变容量空调器[19]在采用变容量控制元件和变容量压缩机的同时，若同步采用电子膨胀阀来节流，则变容量空调器的冬季低温制热性能较佳的优势就更能充分体现出来。此外，化霜时房间温度向下波动的问题在变容量空调器上也可得到避免和解决。采用电子膨胀阀节流的变容量空调器已能做到在不停止室内机供热的情况下进行室外机的化霜运行。

4.3.3.4 数码涡旋技术

谷轮数码涡旋技术是容量可调压缩机技术，它是基于谷轮“柔性”设计专利提出的全新涡旋压缩机容量可调节概念[20,21]。通过其轴向顺应性（柔性涡旋）改进了最初的涡旋盘设计，从而可使固定涡旋盘稍许进行轴向运动。常规的谷轮涡旋技术有一种独特的性能称为“轴向柔性”。这一性能使固定的涡盘沿轴向可以有很少量的移动，确保用最佳力使固定涡盘和动涡旋盘始终共同加载。在各操作条件下将这两个涡盘集合在一起的这一最佳力确保了谷轮涡旋技术的高频率。数码涡旋工作分两个阶段：“负载状态”（此时电磁阀正常关闭），“空载状态”（此时电磁阀开启）。在负载状态下，压缩机和标准的涡旋一样工作，输出100%容量及质量流。但是，在空载状态下，没有任何制冷剂通过压缩机。

4.3.3.5 空调制冷剂替代研究

世界空调的发展方向目前主要是舒适、节能、环保，其中舒适是空调行业发展本身的需求，节能是任何一种耗能产品的研究重点，而环保主要就是指制冷剂替代。

目前空调中替代工质有许多种[22,23]，大致可分为天然工质和合成工质两类。天然工质有 NH_3、CO_2、水、碳氢化合物等，合成工质有 HFCs。而从环保角度出发，国际协议中规定替代物的臭氧层消耗系数 ODP 为零，温室效应系数 GWP 应尽量小。各个国家提出了使用不同的混合制冷剂来替代 R22。

4.3.4 多联式空调（热泵）机组

多联式空调（热泵）机组[24]（multi-connected air-condition（heat pump）unit），简称为多联机，有时也称为 VRV（variable refrigerant volume）空调系统，即可变制冷剂流量空调系统，由日本大金（DAIKIN）公司于 1982 年开发推出，打破了传统的中央空调（水冷冷水机组+热水锅炉+空调末端）设计理念，在传统的房间分体空调器由一台室外机连接一台室内机的一对一方式的基础上，研制出了一台室外机连接多台室内机的供暖制冷系统，使设计、安装、运行及维护管理更为简单、方便，更加节能。

多联机技术于 20 世纪 90 年代初引入我国。多联机系统因其设备少、布置灵活、节能、维护简单，成为目前办公楼、宾馆、医院及高级别墅等建筑中最为活跃的户式中央空调系统形式之一。

4.3.4.1 多联机系统原理及分类

多联机空调系统是为适应空调机组集中化使用需求在分体式和多联式空调系统基础上发展起来的一种新型制冷剂空调系统。其主导思想是“变频、一拖多和多拖多”，体现变频空调的节能理念[25,26]。在多联机空调系统中，一台室外机与一台室内机相连的系统称为单元多联机空调系统或变频空调器；一台或多台室外机与多台室内机相连的系统称为多元多联机空调系统。图 4-8 给出了多联机空调系统示意图。

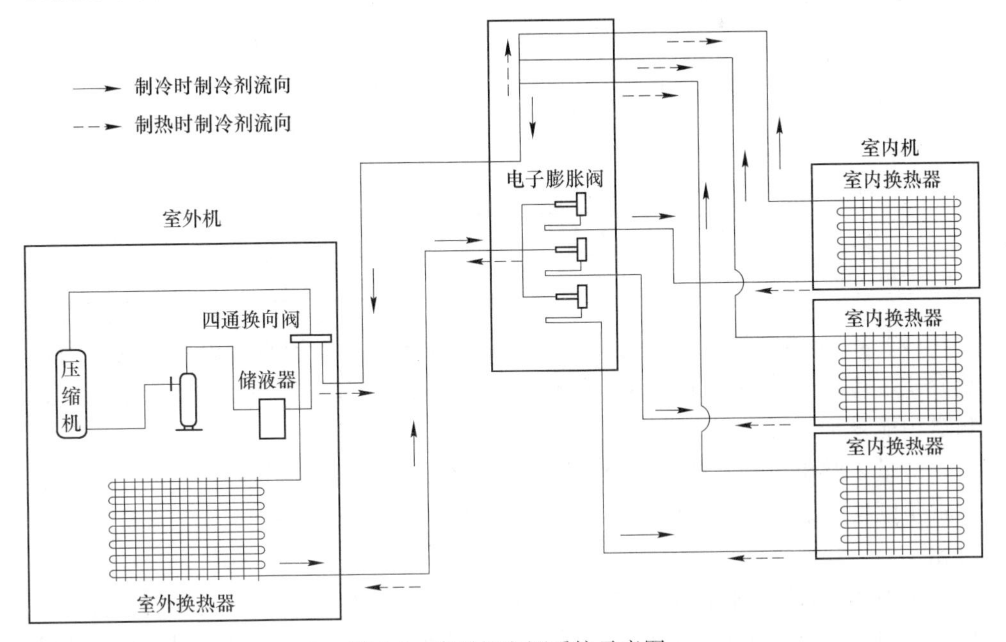

图 4-8 多联机空调系统示意图

多联机空调系统的工作原理与普通蒸气压缩式制冷系统相同，由压缩机、冷凝器、节流机构和蒸发器组成。与普通蒸气压缩式制冷装置不同的是，热泵型（包括热回收型）多联机空调系统室内、室外侧换热器都具有冷凝器和蒸发器的双重功能。

由多联机空调系统室内、室外机的组成和工作特点，多联机空调系统可分为单冷型、热泵型和热回收型三种形式。从控制系统角度出发，多联机空调控制系统可分为集中控制、独立式控制和集散式控制三种形式。

4.3.4.2 多联机空调系统优点

多联机空调系统是由多台高效压缩机组成的，并且有较高的能效比（EER）；冷（热）量直接由制冷剂输送，减少换热环节；控制非常灵活，适合各种变负荷的场所。

（1）采用高效涡旋压缩机。多联机空调系统由多台高效压缩机组成，并且有较高的EER。涡旋式制冷压缩机结构简单，不需要设置吸、排气阀片，具有较高的容积效率，易损部件较少，运行平稳，噪声低，而且允许吸入少量湿蒸气，故特别适用于热泵式空调。相对于其他几种压缩机而言，涡旋式制冷压缩机的能效比（EER）较高[27]。表4-13给出了几种类型封闭压缩机性能比较。

表4-13 几种类型封闭压缩机性能比较

参　数	涡旋式	转子式	活塞式
能效比（EER）	2.9	2.4~2.6	2.2~2.6
容积效率比（压比4.6）	0.99	0.94	0.7
绝热效率比（压比4.6）	0.98	0.93	0.88
压缩室的部件数量比	1	3	7
重量比	0.8	0.8	1.0
加工精度	1~3	3	10~30
适用范围（输出功率）/kW	1~10	0.4~1	1~10

（2）冷（热）量直接由制冷剂输送。多联机空调系统直接以制冷剂作为传热介质，传送热量高，而且不需要庞大风管和水管系统，减少了输送耗能及冷媒输送中能量损失。

衡量多联机空调系统与传统的风冷、水冷热泵空调系统性能，主要是从节能因素角度考虑。图4-9给出了多联机空调系统和风冷热泵冷热水空调系统能耗对比。

由图4-9知，多联机空调系统与传统风冷热泵冷热水空调系统类似，各月能耗随时间的变化规律基本相同。但多联机空调系统各月能耗均低于风冷热泵冷热水空调系统。夏季，多联机空调系统的能耗约比风冷热泵空调系统低 39%；冬季约低 36%；全年平均约低 38%。

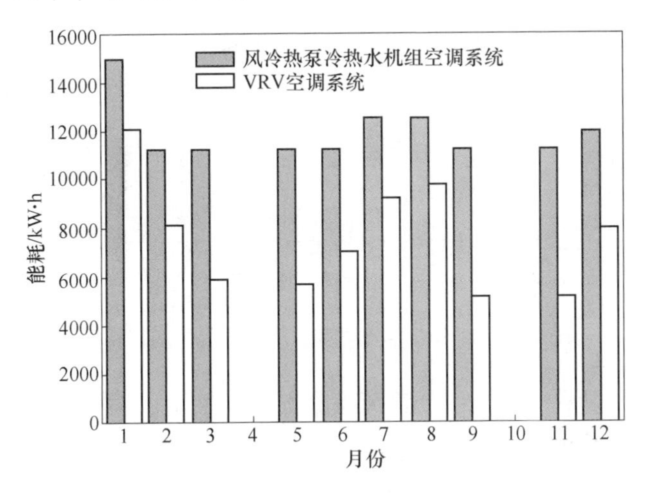

图 4-9 多联机空调系统和风冷热泵冷热水空调系统能耗对比

（3）冷（热）量随负荷调节。在设计建筑物空调系统时，主要是从冬、夏季空调室外设计参数出发进行负荷计算、方案设计和设备选型，即以全年中气候条件最不利的情况为设计依据。但美国供热、制冷、空调工程师学会（ASHRAE）的最新统计数据表明[28]，这种情况只占全年时间的 1%，见表 4-14。

表 4-14 全年空调负荷比例 （%）

空调负荷	工作时间	空调负荷	工作时间
100	1	50	45
75	42	25	12

空调系统在实际运行过程中，满负荷运行的时间很短，一般只占全年运行时间的 1%~3%，其余时间都是在部分负荷下运行的，而其中又有 70% 的运行时间是在 30%~70% 负荷段之间。因此衡量一个空调产品节能性的好坏，其部分负荷的 *COP* 值是一个至关重要的因素，表示为一年的空调系统制冷制热容量总和与一年的总耗电量之比。

多联机变频空调系统在部分负荷时的节能效果比较显著，能效比相对较高。当部分负荷率在 40%~60% 之间时，制热工况的能效比最高可达到 4 左右。图 4-10 给出了当室内温度为 20℃，室外温度为 4℃ 时，日本大金公司多联机空调机组的性能系数 *COP* 与负荷率的关系曲线。多联机的部分负荷 *COP* 值较高，最高可达 4.1，而一般风冷热泵冷热水机组的 *COP* 值满负荷时只有 3.0 以下，部分负荷时会降低到 2.0 以下。

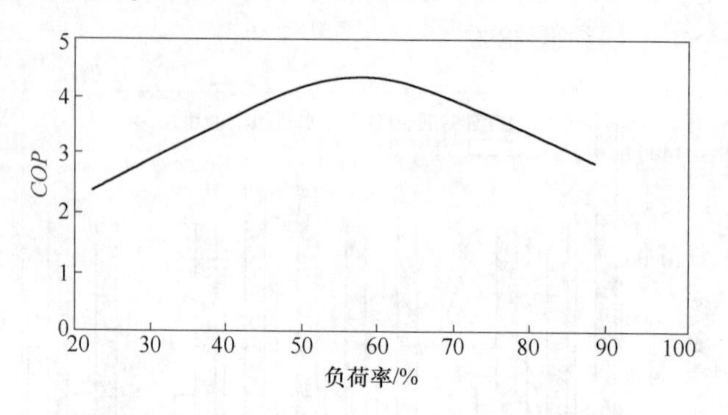

图 4-10 日本大金公司多联机部分负荷运行特性

由图 4-10 可以看出，当部分负荷率在 55%左右时，多联机机组的性能系数 *COP* 最高。随着部分负荷率的升高，*COP* 逐渐下降。一般来讲，不论是在冬季还是在夏季多联机空调系统在部分负荷时的性能都很好。

多联机空调系统根据室内负荷的大小，在不同转速下连续运行，减少压缩机因频繁启停造成的不可逆损失；无论在制冷还是在制热工况下，能效比 *COP* 随频率的降低而升高，一般情况下，当机组的负荷率为 40%~80%时，其效率较高，制冷效率 *COP* 值最高可达 4.27，制热效率 *COP* 值高达 4.36，故系统的季节能效比（SEER）相对于传统空调系统有很大的提高。采用压缩机低频启动，降低了启动电流，电器设备将大大节能，同时避免了对其他用电设备和电网的冲击。

4.3.4.3 多联机空调系统缺点

多联机空调系统除具有良好的特性，由于室外机采用多个压缩机，使其回油系统比较复杂；多联机系统冷媒管道安装要求高，管路较长，防漏及保温十分必要；系统容积比较大，需要充灌制冷剂量大，环境污染大；多数机型主要依赖进口，价格较贵[29]。

4.3.5 太阳能压缩式热泵系统

太阳能属于清洁能源，储量很丰富。压缩式热泵系统性能优越，尤其小温差下性能更优。本次设计的太阳能压缩式热泵系统主要包括压缩机、冷凝器、蒸发器、节流阀、太阳能集热器、水泵、供水系统和回水系统等设备[30,31]。图 4-11 给出了太阳能压缩式热泵系统原理，图 4-12 为太阳能压缩式热泵系统 *T-s* 图。

考虑到工矿企业有丰富的余热资源，图 4-11 中设计了余热交换的换热器，可以弥补连续阴雨天气太阳能集热器不能正常工作的不足。

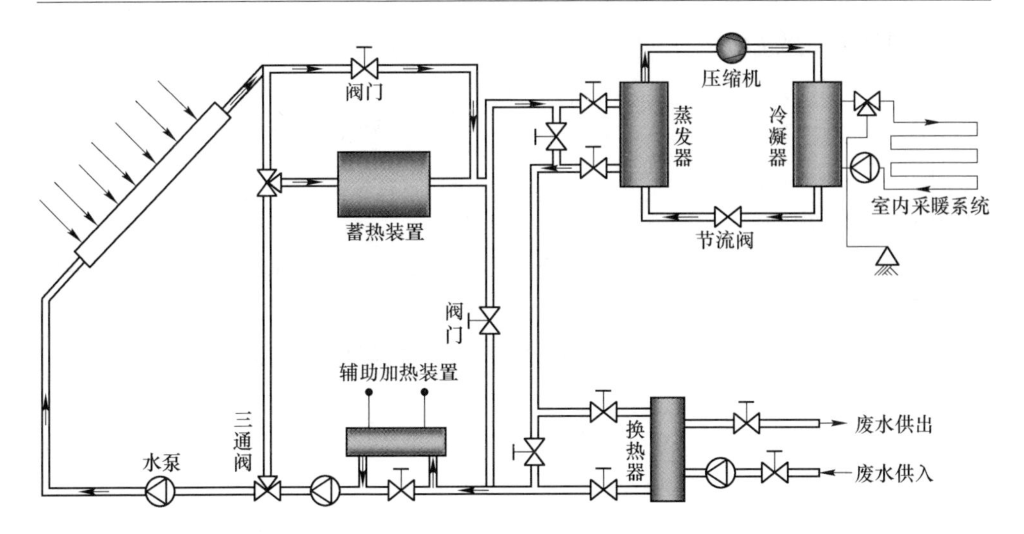

图 4-11 太阳能压缩式热泵系统原理

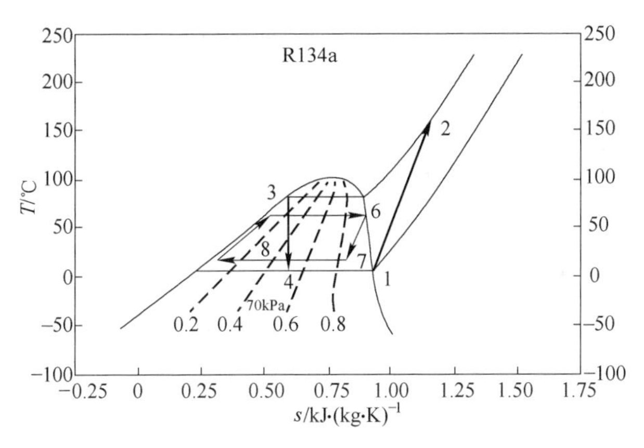

图 4-12 太阳能压缩式热泵系统 T-s 图

分析计算时，压缩式热泵工质可选用环保制冷剂 R134a、R1234yf 和 CO_2，本章以 R134a 制冷剂为例进行计算。压缩机等熵效率为 0.75，蒸发温度为 10℃，冷凝温度为 35℃，排气压力为 3.5MPa，首先分析单位质量 R134a 压缩机耗功、制热量和制冷量，进而计算出所需制冷剂 R134a 质量。

4.3.5.1 热力学分析

A 系统性能系数

制冷性能系数 COP：

$$COP = \frac{h_1 - h_4}{h_2 - h_1} \tag{4-42}$$

制热性能系数 COP：

$$COP=\frac{h_2-h_3}{h_2-h_1} \tag{4-43}$$

B　系统能量方程

(1) 压缩机：

$$W_{com}=h_2-h_1=305.1-256.2=48.9\text{kJ/kg} \tag{4-44}$$

(2) 冷凝器：

$$Q_{con}=h_2-h_3=305.1-100.7=204.4\text{kJ/kg} \tag{4-45}$$

(3) 节流阀：

$$Q_{tho}=h_3=h_4 \tag{4-46}$$

(4) 蒸发器：

$$q_{evo}=h_1-h_4=256.2-100.7=155.5\text{kJ/kg} \tag{4-47}$$

(5) 制冷性能 COP：

$$COP=\frac{h_1-h_4}{h_2-h_1}=3.18 \tag{4-48}$$

(6) 制热性能 COP：

$$COP=\frac{h_2-h_3}{h_2-h_1}=4.18 \tag{4-49}$$

4.3.5.2　制热工况

已知设计热负荷为414kW/h，单位质量的制冷剂 R134a 冷凝器供热量为204.4kJ，耗功为48.9kJ。因此，压缩式热泵质量流量为 $M=2\text{kg/s}$，压缩机耗功为 $W_{com}=97.8\text{kW}$。

A　A公司平板集热器

太阳能集热器[32]：

$$Q_{uc}=A\times I_s\times\eta_{sc}=c_w m_w\Delta t_w \tag{4-50}$$

式中　Q_{uc}——太阳能集热器输出有效功，kJ；

A——太阳能集热器面积，m^2，取 $10m^2$；

I_s——太阳能照射强度，$kJ/(m^2\cdot h)$，唐山地区取 $1444.4kJ/(m^2\cdot h)$；

η_{sc}——集热器效率，取0.5。

经计算，单台太阳能集热器每小时热水出水量为115kg。考虑压缩式热泵蒸发器吸热量与太阳能集热器提供热量相等，如下方程：

$$MQ_{evop}=Q_{uc}=c_{wmw}\Delta t_w \tag{4-51}$$

$2\text{kg/s}\times3600\text{s}\times155.5\text{kJ/kg}=4.1868\text{kJ/(kg}\cdot℃)\times m_w\times(50-35)℃$，可算出总

水量为 17.8t/h。需要太阳能集热器台数为 17800/115=155（台），太阳能集热器选用 A 公司平板集热器。

考虑到太阳能集热器晚上不能正常工作，太阳能集热器需要备用一份。备用太阳能集热器白天产生热水，储存在蓄热装置中，供热泵机组晚上使用。因此，太阳能压缩式热泵系统所需集热器共计 413 台。

B　B 公司平板集热器

$$Q_{uc} = A \times I_s \times \eta_{sc} = c_w m_w \Delta t_w \tag{4-52}$$

式中　Q_{uc}——太阳能集热器输出有效功，kJ；

A——太阳能集热器面积，m^2，取 7.5 m^2；

I_s——太阳能照射强度，kJ/(m^2·h)，唐山地区取 1444.4kJ/(m^2·h)；

η_{sc}——集热器效率，取 0.5。

经计算，单台太阳能集热器每小时热水出水量为 86.2kg。考虑压缩式热泵蒸发器吸热量与太阳能集热器提供热量相等，则：

2kg/s×3600s×155.5kJ/kg =4.1868kJ/(kg·℃)×m_w×(50−35)℃，可算出总水量为 17.8t/h。需要太阳能集热器台数为 17800/86.2=206（台）。选用 B 公司平板集热器，型号为 Z-QB/0.05-WF-7.5/50-58/1800/1-HS。

考虑到太阳能集热器晚上不能正常工作，太阳能集热器需要备用一份。备用太阳能集热器白天产生热水，储存在蓄热装置中，供热泵机组晚上使用。因此，太阳能压缩式热泵系统所需集热器共计 549 台。表 4-15 和表 4-16 分别给出了 A 公司平板集热器和 B 公司平板集热器参数。

表 4-15　A 公司平板集热器参数

水泵功率/kW	水箱容量/L	集热器数量	集热面积/m^2	净重/kg
0.093	500	5	10	150
额定工作压力/MPa	外壳材质	密封条材质	玻璃盖板材质	绝热材料
≤0.6	铝型材 6063/T5	三元一丙	超白布纹钢化玻璃	玻纤维
绝热材料厚度/mm	主流道规格/mm	支流道规格/mm	吸热板材质	集热器管口尺寸/mm
35	25×0.75	10×0.5	铜铝复合	25

表 4-16　B 公司平板集热器参数

内胆材质	外皮材质	保温材料及厚度
SUS304-2B	镀铝锌	聚氨酯整体发泡，厚度 45mm
外形尺寸/mm	真空管配置	集热面积/m^2
2000×3070×100	管径 58mm、长度 1800mm，50 支/组	7.5
安装方式	水箱容量/L	水泵功率/W
卧式	300	100

4.3.5.3　制冷工况

已知冷负荷为672kW/h，因此，制冷剂 R134a 流量为 $M_1 = 4.3\text{kg/s}$。已知单位质量 R134a 功耗，所以 $W_{com} = 210\text{kW}$。

压缩式热泵选用某公司环保高温型水源热泵机组两台，型号为 SGHP（HII）700，见表 4-17。根据压缩机功率和冷热负荷，夏季两台全开，冬季关闭一台。

表 4-17　热泵机组型号

SGHP（HII）		350	550	700	850	1050	1100	1350	1600
制冷工况/kW	名义制冷量	315	483	621	745	895	966	1242	1393
	输入功率	57	88	112	134	160	174	221	248
制热工况/kW	名义制热量	349	550	688	846	999	1100	1349	1587
	输入功率	76	120	150	184	217	238	292	343
进出水管径/mm		*DN*100	*DN*125	*DN*150	*DN*125	*DN*150	*DN*150	*DN*150	*DN*200

4.3.5.4　热泵机组用水量

夏季制冷，需要开启 2 台热泵机组，系统所需水量为 M_1：

$$M_1 = 672\text{kW/h} \times 3600\text{s}/4.1868\text{kJ/(kg·℃)}/10℃ = 57.8(\text{m}^3/\text{h})$$

冬季供暖，需要开启 1 台热泵机组，另一台机组备用，系统所需水量为 M_2：

$$M_2 = 414\text{kW/h} \times 3600\text{s}/4.1868\text{kJ/(kg·℃)}/10℃ = 35.6(\text{m}^3/\text{h})$$

4.4　小结

基于给定的面积进行了冷热负荷的计算，对设定的几种用能方案进行了对比分析。从提高空调和热泵性能出发，对高效压缩机、换热器、电子膨胀阀、数码涡旋和多联机技术等方面进行了阐述。通过太阳能压缩式热泵系统计算，确定了制热工况和制冷工况时太阳能集热器台数，并对热泵机组和水泵等设备进行了选型分析。

参 考 文 献

[1] 刘畅. 中国能源消耗强度变动机制与能源行业周期波动 [M]. 北京：科学出版社，2012.

[2] Lerch W, Heinz A, Heimrath R. Direct use of solar energy as heat source for a heat pump in comparison to a conventional parallel solar air heat pump system [J]. Energy and Buildings, 2015 (100): 34~42.

[3] 陆亚俊，马最良，邹平华．暖通空调［M］．北京：中国建筑工业出版社，2007.
[4] 车得福，庄正宁，李军，等．锅炉［M］．西安：西安交通大学出版社，2008.
[5] 严传俊，范玮．燃烧学［M］．西安：西北工业大学出版社，2008.
[6] 王艮．2005 年全国电冰箱、冰柜、空调器产量［J］．制冷，2006，25（1）：87.
[7] 袁秋霞，马一太．分体式空调器能效的有限时间热力学分析［J］．制冷与空调，2013，13（5）：12~14.
[8] 提升中国建筑空调能效水平的必要性和技术可行性．中国智能建筑信息网，2004.
[9] 马一太，成建宏，王洪利，等．我国制冷空调能效标准的现状与发展［J］．制冷与空调，2008，8（3）：5~11.
[10] 马一太，田华，刘春涛，等．制冷与热泵产品的能效标准研究和循环热力学完善度的分析［M］．北京：科学出版社，2012.
[11] 中国标准化研究院．GB 12021.3—2010，房间空气调节器能源效率限定值及能效等级［S］．北京：中国标准出版社，2010.
[12] 中国标准化研究院．GB 12021.3—2004，房间空气调节器能源效率限定值及能效等级［S］．北京：中国标准出版社，2004.
[13] 中国标准化研究院．GB 19576—2004，单元式空气调节机能源效率限定值及能效等级［S］．北京：中国标准出版社，2004.
[14] 李淑英．空调能效国家标准颁布明年实施［J］．中国能源，2004，26（10）：30.
[15] 董浩．家用空调器的欧盟能效新要求［J］．电器制造商，2003（4）：58~59.
[16] Emin Açıkkalp. Entransy analysis of irreversible Carnot-like heat engine and refrigeration cycles and the relationships among various thermodynamic parameters［J］. Energy Conversion and Management，2014（80）：535~542.
[17] 李俊，陈林根，戈延林，等．正、反向两源热力循环有限时间热力学性能优化的研究进展［J］．物理学报，2013（13）：1~12.
[18] 宫天泽，郑学利，赵宇开．变频压缩机综合效率系数的研究与应用［J］．节能技术，2012，30（5）：435~438.
[19] 赵巍，张华，邬志敏．气候条件及空调器的运行模式对变容量空调器季节能效比的影响［J］．上海理工大学学报，2007，29（4）：391~394.
[20] 江燕涛，赖学江，杨昌智．数码涡旋技术在 VRV 空调系统的应用及探讨［J］．制冷，2006，25（1）：49~53.
[21] 孙晓力，范新，谢峤．变容量多联机压缩机技术路线［J］．制冷与空调，2007，7（2）：103~104.
[22] 王洪利，刘慧琴，田景瑞．环保制冷剂循环性能分析［J］．可再生能源，2013，31（2）：119~122.
[23] 王洪利，田景瑞，刘慧琴．制冷剂循环性能对比及物性分析［J］．流体机械，2012，40（7）：67~71.
[24] 谭成斌．低环境温度空气源多联式热泵（空调）机组制热性能的评价方法［J］．制冷与空调，2014，14（6）：4~7.

[25] 张思柱，龙惟定．VRV 集中式空调系统的发展现状 [J]．制冷与空调，2006，6 (6)：9~12.

[26] 张蕾．一拖多空调系统（多联机）开发疑难及其对策 [C] //第八届全国空调器、电冰箱（柜）及压缩机学术交流会，珠海，2006：5~9.

[27] 刘圣春，马一太，成建宏. 变频型房间空调器区域性季节能效比的研究 [J]. 制冷学报，2005，26 (2)：47~51.

[28] Ashrae Handbook. HVAC System and equipment, American Society of Heating. Refrigerating and Air-conditioning engineers, Atlanta, USA, 1996.

[29] Youn C P, Young C K, Min M K. Performance analysis on a multi-type inverter air conditioner [J]. Energy Conversion and Management, 2001, 42 (13): 1607~1621.

[30] 梁国峰．新型太阳能辅助多功能热泵系统的理论与实验研究 [D]．浙江：浙江大学，2010.

[31] Bengt Perers, Elsa Anderssen, Roger Nordman, Peter Kovacs. A simplified heat pump model for use in solar plus heat pump system simulation studies [J]. Energy Procedia, 2012 (30): 664~667.

[32] 高腾．平板太阳能集热器的传热分析及设计优化 [D]．天津：天津大学，2011.

5 太阳能热泵节能分析

节约能源是我国经济发展的一项长期战略任务，因此设计中必须认真贯彻《中华人民共和国节约能源法》中的有关规定[1]，积极采用新技术、新工艺、新材料，以达到节能的目的。基于节能、环保和可持续发展重要定位，在本次设计中采用了较多的节能和环保的新工艺新技术。设计面积为 8335m^2，冬季供暖和夏季制冷时间均为 120 天，设备每天运行时间为 24h。

冬季供暖和夏季制冷方案主要包括以下几种形式：

（1）冬季锅炉供暖+夏季分体式空调制冷：1）燃煤锅炉+分体式空调；2）燃油锅炉+分体式空调；3）燃气锅炉+分体式空调。

（2）城市集中供热+分体式空调。

（3）热泵型空调冬季供暖+夏季制冷。

（4）集中式中央空调系统。

（5）太阳能压缩式热泵系统：1）压缩式热泵+ A 公司平板集热器；2）压缩式热泵+ B 公司平板集热器。

5.1 冬季锅炉供暖+夏季分体式空调制冷

5.1.1 燃煤锅炉+分体式空调

5.1.1.1 冬季燃煤锅炉供暖

燃料名称：Ⅱ类烟煤。

（1）燃料工作基成分[2]：

碳 C_y = 46.55%；氢 H_y = 3.06%；氧 O_y = 6.11%；氮 N_y = 0.86%；硫 S_y = 1.94%；水分 W_y = 9.00%；灰分 A_y = 22.48%；挥发分 V_r = 38.5%。

（2）燃料低位发热值 Q_{DW}^{y} = 17664.68kJ/kg。

表 5-1 给出了燃煤锅炉[3]技术参数。

（3）燃煤费用。4t 燃煤锅炉 1h 需要的燃煤量为 718kg，整个采暖季 120 天需要燃煤量为 718kg×24h×120 天 = 2067840kg。唐山市Ⅱ类烟煤最新价格为 800 元/t（0.8 元/kg），则整个采暖季燃煤费用为 800 元/t × 2067840kg/1000 = 1654272 元。

表 5-1　燃煤锅炉技术参数

序　号	名　称	单　位	符　号	数　值
1	理论空气量	m^3/kg	V_0	4.81
2	实际空气需要量	m^3/kg	$V_{实际}$	6.734
3	实际烟气生成量	m^3/kg	V_n	7.08
4	单位时间所需要的燃煤量	kg/h	G	718
5	循环水泵数量	台	n	3

（4）辅机耗电费用。辅机主要包括鼓风机、引风机、上煤机、除渣机、除尘器、循环水泵、电控柜和减速机等设备，锅炉辅机参数见表 5-2。

表 5-2　锅炉辅机参数　（kW）

鼓风机功率	引风机功率	减速机	除渣机
5.5	18	0.75	1.1
除尘器	循环水泵功率	上煤机	软化水设备
5	15	1.1	5
电控柜	炉排	其他部件	总计
4	1	24	80

辅机耗电费用＝辅机总功率×电价×运行时间＝80kW×24h×120 天×0.72 元/（kW · h）＝165888 元。

（5）排污费用。经分析，一台燃煤锅炉供暖季节共消耗Ⅱ类烟煤 2067840kg，烟气排放量约为 10925t/a，二氧化硫 320t/a，缴纳排放费约 20000 元。

5.1.1.2　夏季分体式空调制冷

空调的 1 匹是指制冷量约为 2000 大卡，换算成国际单位约为 2324W，则 1.5 匹的制冷量约为 3486W。由于分体式空调的主要耗电量来自于压缩机的做功，室外温度变化以及室内温度设定等原因导致压缩机不是一直保持在 100%做功的工况，所以考虑开机系数[4,5]为 0.8。

8335m^2的面积冷负荷需求为 672kW/h，如果现有制冷全部采用某知名公司 1.5 匹的分体机，则需要分体机约为 192 台。表 5-3 为选定的某公司空调技术参数。

表 5-3　某公司空调技术参数

制冷量/kW	制冷功率/kW	制热量/kW	制热功率/kW	电加热功率/kW
3.5	1.1	4.4	1.48	1
除湿量/$m^3 \cdot h^{-1}$	循环风量/$m^3 \cdot h^{-1}$	冷暖类型	变频/定频	能效比
1.3×10^{-3}	630	冷暖型	变频	3.41

分体空调耗电量 = 单台空调耗电量 × 台数 × 开机时间 × 开机系数
= 1.1 kW × 192 台 × 24h × 120 天 × 0.8
= 486604kW · h
分体空调运行费用 = 486604kW · h × 0.72 元/(kW · h) = 350354 元

5.1.1.3 成本费用

成本费用主要包括冬季供暖锅炉成本和夏季制冷空调成本，锅炉成本包括本体和附件成本。

（1）锅炉成本=单台锅炉报价×台数=248000 元/台×2 台=496000 元。

（2）某公司 1.5 匹变频空调（能效等级 3 级）市场价格 3598 元/台。如果全部选用该公司 1.5 匹变频空调，则 192 台空调的采购价格大约为：

空调成本=单台空调报价×台数=3598 元/台×192 台=690816 元。

（3）成本费用=锅炉成本+空调成本=496000 元+690816 元=1186816 元。

5.1.1.4 全年费用

全年费用=夏季运行费用+冬季运行费用+全年维修费用+运行人工工资费用

（1）全年维修费用。变频空调系统[6~8]由于工况稳定、自动化控制程度高、机组运行可靠、使用寿命长等特点，可大大降低维护维修费用，年 103622 元（按单台空调价格 15%估算）以内即可完全满足。

参考锅炉房的维修费用统计资料，2 台 4t 锅炉维修费用约为 20000 元，用于管网的维修费用约为 10000 元，两项合计为 30000 元。

（2）运行人工工资费用。变频空调系统性能的优越性决定了对操作管理人员用量少的特点，可大幅度减少运行工作人员的配置。依据经验，运行配置 4 人即可，在岗职工平均工资 29075 元，人工工资费用年约 116300 元。

锅炉房日常运行工人数为 4 人，在岗职工平均工资 29075 元，人工工资费用年约 116300 元。

全年费用= 夏季运行费用 + 冬季运行费用 + 全年维修费用 + 运行人工工资费用
= 350354 元 + 1840160 元 + 133622 元 + 232600 元
= 2556736 元

5.1.2 燃油锅炉+分体式空调

5.1.2.1 冬季燃油锅炉供暖

燃料名称：0 号轻柴油。

（1）燃料工作基成分：

碳 C_{ar}=85.55%；氢 H_{ar}=13.49%；氧 O_{ar}=0.66%；氮 N_{ar}=0.04%；硫 S_{ar}=

0.25%；水分 $W_{ar}=8.00\%$；灰分 $A_{ar}=0.01\%$；挥发分 $M_{ar}=0\%$。

（2）燃料低位发热值 $Q_{DW}^{y}=42900kJ/kg$。

表 5-4 给出了燃油锅炉参数情况。

表 5-4　燃油锅炉主要参数

序　号	名　称	单　位	符　号	数　值
1	理论空气量	m^3/kg	V_0	11.2
2	实际空气需要量	m^3/kg	$V_{实际}$	13.24
3	实际烟气生成量	m^3/kg	V_n	24.7
4	单位时间所需要的燃油量	kg/h	G	107
5	循环水泵数量	台	n	1

（3）燃油费用。4t 燃油锅炉 1h 需要的燃油量为 107kg，整个采暖季 120 天需要柴油量为 107kg×24h×120 天=308160kg。唐山市 0 号轻柴油最新价格为 8475 元/t(7.32 元/L)，则，整个采暖季燃油费用为 8475 元/t×308160kg /1000 = 2611656 元。

（4）辅机耗电费用。辅机主要包括鼓风机、引风机、循环水泵和电控柜等设备。辅机耗电费用=辅机总功率×电价×运行时间=40kW×24h×120 天×0.72 元/(kW·h) = 82944 元。

5.1.2.2　夏季分体式空调制冷

空调的 1 匹是指制冷量约为 2000 大卡，换算成国际单位约为 2324W，则 1.5 匹的制冷量约为 3486W。由于分体式空调的主要耗电量来自于压缩机的做功，室外温度变化以及室内温度设定等原因导致压缩机不是一直保持在 100%做功的工况，所以考虑开机系数为 0.8。

8335m² 面积的冷负荷需求为 672kW/h，如果将现有制冷全部采用某知名公司 1.5 匹的分体机，则需要分体机约为 192 台。

分体空调耗电量= 单台空调耗电量 × 台数 × 开机时间 × 开机系数
= 1.1kW × 192 台 × 24h × 120 天 × 0.8
= 486604kW·h

分体空调运行费用= 486604kW·h × 0.72 元/(kW·h)
= 350354 元

5.1.2.3　成本费用

成本费用主要包括冬季供暖锅炉成本和夏季制冷空调成本，锅炉成本包括本体和附件成本。

（1）锅炉成本=单台锅炉报价×台数=252000 元/台×2 台=504000 元。

（2）某知名公司 1.5 匹变频空调（能效等级 3 级）市场价格 3598 元/台。如果全部选用该公司 1.5 匹变频空调，则 192 台空调的采购价格大约为：

空调成本=单台空调报价×台数=3598 元/台×192 台 =690816 元。

（3）成本费用=锅炉成本+空调成本=504000 元+690816 元=1194816 元。

5.1.2.4 全年费用

全年费用=夏季运行费用+冬季运行费用+全年维修费用+运行人工工资费用

（1）全年维修费用。变频空调系统由于工况稳定、自动化控制程度高、机组运行可靠、使用寿命长等特点，可大大降低维护维修费用，年 103622 元（按单台空调价格 15%估算）以内即可完全满足。

参考锅炉房的维修费用统计资料，2 台 4t 锅炉维修费用约为 20000 元，用于管网的维修费用约为 10000 元，两项合计为 30000 元。

（2）运行人工工资费用。变频空调系统性能的优越性决定了对操作管理人员用量少的特点，可大幅度减少运行工作人员的配置。依据经验，运行配置 4 人即可，在岗职工平均工资 29075 元，人工工资费用年约 116300 元。

锅炉房日常运行工人数为 4 人，在岗职工平均工资 29075 元，人工工资费用年约 116300 元。

全年费用= 夏季运行费用 + 冬季运行费用 + 全年维修费用 + 运行人工工资费用

= 350354 元 + 2694600 元 + 133622 元 + 232600 元

= 3411176 元

5.1.3 燃气锅炉+分体式空调

5.1.3.1 冬季燃气锅炉供暖

燃料名称：天然气。

（1）燃料工作基成分：

干成分：CH_4 = 75.23%；C_2H_6 = 10.53%；C_3H_8 = 5.39%；C_4H_{10} = 2.77%；C_5H_{12} = 1.51%；CO_2 = 2.76%；N_2 = 1.81%。

燃料温度取 25℃，则水蒸气含量 W_y = 3.13%。

湿成分：CH_4 = 72.88；C_2H_6 = 10.21%；C_3H_8 = 5.22%；C_4H_{10} = 2.68%；C_5H_{12} = 1.46%；CO_2 = 2.67%；N_2 = 1.75%。

（2）燃料高位发热量：Q_g = 45.35MJ/m^3。

表 5-5 给出了燃气锅炉主要参数情况。

表 5-5　燃气锅炉主要参数

序　号	名　称	单　位	符　号	数　值
1	理论空气量	m^3/m^3	V_k^0	11.26
2	实际空气需要量	m^3/m^3	V_k	12.945
3	气体燃料干烟气量	m^3/m^3	V_g	11.85
4	理论烟气生成量	m^3/m^3	V_y^0	12.39
5	单位时间所需要的燃气量	m^3/h	B_1	190
6	循环水泵数量	台	n	1
7	烟气中水蒸气的含量	kg/m^3	S	2.06

（3）燃气费用。4t 燃气锅炉需要的燃气量为 $190m^3/h$，整个采暖季 120 天需要天然气量为 $190m^3/h×24h×120$ 天 = 547200 m^3。唐山市工业用天然气最新价格为 3.23 元/m^3，则整个采暖季燃气费用为 547200 m^3×3.23 元/m^3 = 1767456 元。

（4）辅机耗电费用。辅机主要包括鼓风机、引风机、循环水泵和电控柜等设备。辅机耗电费用 = 辅机总功率×电价×运行时间 = 40kW×24h×120 天×0.72 元/(kW·h) = 82944 元。

5.1.3.2　夏季分体式空调制冷

空调的 1 匹是指制冷量约为 2000 大卡，换算成国际单位约为 2324W，则 1.5 匹的制冷量约为 3486W。由于分体式空调的主要耗电量来自于压缩机的做功，室外温度变化以及室内温度设定等原因导致压缩机不是一直保持在 100%做功的工况，因此考虑开机系数为 0.8。

$8335m^2$面积的冷负荷需求为 672kW/h，如果将现有制冷全部采用某知名公司 1.5 匹的分体机，则需要分体机约为 192 台。

分体空调耗电量 = 单台空调耗电量 × 台数 × 开机时间 × 开机系数
= 1.1kW × 192 台 × 24h × 120 天 × 0.8
= 486604kW·h

分体空调运行费用 = 486604kW·h × 0.72 元/(kW·h)
= 350354 元

5.1.3.3　成本费用

成本费用主要包括冬季供暖锅炉成本和夏季制冷空调成本，锅炉成本包括本体和附件成本。

（1）锅炉成本 = 单台锅炉报价×台数 = 282000 元/台×2 台 = 564000 元。

（2）某知名公司 1.5 匹变频空调（能效等级 3 级）市场价格 3598 元/台。

如果全部选用该公司 1.5 匹变频空调，则 192 台空调的采购价格大约为：

空调成本=单台空调报价×台数=3598 元/台×192 台=690816 元。

（3）成本费用=锅炉成本+空调成本=564000 元+690816 元=1254816 元。

5.1.3.4 全年费用

全年费用=夏季运行费用+冬季运行费用+全年维修费用+运行人工工资费用

（1）全年维修费用。变频空调系统由于工况稳定、自动化控制程度高、机组运行可靠、使用寿命长等特点，可大大降低维护维修费用，年 103622 元（按单台空调价格 15%估算）以内即可完全满足。

参考锅炉房的维修费用统计资料，2 台 4t 锅炉维修费用约为 20000 元，用于管网的维修费用约为 10000 元，两项合计为 30000 元。

（2）运行人工工资费用。变频空调系统性能的优越性决定了对操作管理人员用量少的特点，可大幅度减少运行工作人员的配置。依据经验，运行配置 4 人即可，在岗职工平均工资 29075 元，人工工资费用年约 116300 元。

锅炉房日常运行工人数为 4 人，在岗职工平均工资 29075 元，人工工资费用年约 116300 元。

全年费用= 夏季运行费用 + 冬季运行费用 + 全年维修费用 + 运行人工工资费用
　　　　= 350354 元 + 1850400 元 + 133622 元 + 232600 元
　　　　= 2566976 元

5.2 城市集中供热+分体式空调

5.2.1 冬季城市集中供热

按照总供暖面积是 8335m^2，目前城市热力费用为 34.3 元/m^2，运行费用为 285890 元。

5.2.2 夏季分体式空调制冷

空调的 1 匹是指制冷量约为 2000 大卡，换算成国际单位约为 2324W，则 1.5 匹的制冷量约为 3486W。由于分体式空调的主要耗电量来自于压缩机的做功，室外温度变化以及室内温度设定等原因导致压缩机不是一直保持在 100%做功的工况，因此考虑开机系数为 0.8。

8335m^2面积的冷负荷需求为 672kW/h，如果将现有制冷全部采用某知名公司 1.5 匹的分体机，则需要分体机约为 192 台。

分体空调耗电量 = 单台空调耗电量 × 台数 × 开机时间 × 开机系数
　　　　　　　 = 1.1kW × 192 台 × 24h × 120 天 × 0.8
　　　　　　　 = 486604kW · h。

分体空调运行费用 = 486604kW · h × 0.72 元/(kW · h) = 350354 元

5.2.3　成本费用

成本费用主要是夏季制冷空调成本。

1.5 匹变频空调（能效等级 3 级）市场价格 3598 元/台。如果全部选用某知名公司 1.5 匹变频空调，则 192 台空调的采购价格大约为：

空调成本=单台空调报价×台数=3598 元/台×192 台=690816 元。

5.2.4　全年费用

全年费用=夏季运行费用+冬季运行费用+全年维修费用+运行人工工资费用

（1）全年维修费用。变频空调系统由于工况稳定、自动化控制程度高、机组运行可靠、使用寿命长等特点，可大大降低维护维修费用，年 103622 元（按单台空调价格 15%估算）以内即可完全满足。

（2）运行人工工资费用。变频空调系统性能的优越性决定了对操作管理人员用量少的特点，可大幅度减少运行工作人员的配置。依据经验，运行配置 4 人即可，在岗职工平均工资 29075 元，人工工资费用年约 116300 元。

全年费用= 夏季运行费用 + 冬季运行费用 + 全年维修费用 + 运行人工工资费用
= 350354 元 + 285890 元 + 103622 元 + 116300 元
= 856166 元

5.3　热泵型分体式空调

5.3.1　制热工况

空调的 1 匹是指制冷量约为 2000 大卡，换算成国际单位约为 2324W，则 1.5 匹的制冷量约为 3486W。8335m^2面积热负荷需求为 414kW/h，如果将现有制热全部采用某知名公司 1.5 匹的分体机，则需要分体机约为 94 台。

由于分体式空调的主要耗电量来自于压缩机的做功，室外温度变化以及室内温度设定等原因导致压缩机不是一直保持在 100%做功的工况，因此考虑开机系数为 0.8。

热泵制热耗电量= 单台热泵耗电量 × 台数 × 开机时间 × 开机系数
= 2.48kW × 94 台 × 24h × 120 天 × 0.8
= 537108kW · h

热泵制热运行费用 = 537108kW · h × 0.72 元/(kW · h) = 386717 元

5.3.2　制冷工况

空调的 1 匹是指制冷量约为 2000 大卡，换算成国际单位约为 2324W，则 1.5 匹的制冷量约为 3486W。由于分体式空调的主要耗电量来自于压缩机的做功，室外温度变化以及室内温度设定等原因导致压缩机不是一直保持在 100%做功的工况，因此考虑开机系数为 0.8。

8335m² 面积的冷负荷需求为 672kW/h，如果将现有制冷全部采用某知名公司 1.5 匹的分体机，则需要分体机约为 192 台。

分体空调耗电量 = 单台空调耗电量 × 台数 × 开机时间 × 开机系数

= 1.1kW × 192 台 × 24h × 120 天 × 0.8

= 486604kW · h

分体空调运行费用 = 486604kW · h × 0.72 元/(kW · h) = 350354 元

5.3.3　成本费用

某知名公司 1.5 匹变频空调（能效等级 3 级）市场价格 3598 元/台。如果全部选用该公司 1.5 匹变频空调，则 192 台空调的采购价格大约为：

空调成本 = 单台空调报价 × 台数 = 3598 元/台 × 192 台 = 690816 元。

5.3.4　全年费用

全年费用=夏季运行费用+冬季运行费用+全年维修费用+运行人工工资费用

变频空调系统由于工况稳定、自动化控制程度高、机组运行可靠、使用寿命长等特点，可大大降低维护维修费用，年 103622 元（按单台空调价格 15%估算）以内即可完全满足。

变频空调系统性能的优越性决定了对操作管理人员用量少的特点，可大幅度减少运行工作人员的配置。依据经验，运行配置 4 人即可，在岗职工平均工资 29075 元，人工工资费用年约 116300 元。

全年费用 = 夏季运行费用 + 冬季运行费用 + 全年维修费用 + 运行人工工资费用

= 350354 元 + 386717 元 + 103622 元 + 116300 元

= 956993 元

5.4　中央空调系统

根据厂区冬季热负荷 414kW，夏季冷负荷 673kW 的要求，选用某知名公司中央空调 MB 系列模块机风冷冷热水机组 6 台，夏季需开启 6 台、冬季需开启 4 台。

表 5-6 给出了中央空调技术参数。

表 5-6 某知名公司中央空调技术参数

名 称	技术参数	名 称	技术参数
型 号	MB	是否静音	是
制冷量/kW	130	外形尺寸/mm×mm×mm	2410×1900×2240
制冷量/kW	140	制冷剂	R22
机组输入功率/kW	40	机组总质量/kg	1800
冷暖类型	冷暖型	水泵功率/kW	5
杀菌功能	是	水泵流量/$m^3 \cdot h^{-1}$	22.3
电源电压/V	380	风机功率/kW	3
室内机噪声/dB	50	风机流量/$m^3 \cdot h^{-1}$	6100

由于室外温度变化以及室内温度设定等原因导致机组不是始终保持满负荷运行，为了更精确地计算出中央空调冷水机组[9]系统的运行费用，表 5-7 给出了单台中央空调运行费用。

表 5-7 单台中央空调运行费用

运行季节	设备名称	合计功率/kW	运行天数/d	每天运行时间/h	时间百分数/%	负荷百分数/%	耗电量/kW·h	耗电量总计/kW·h	平均电费/元·$(kW \cdot h)^{-1}$	运行费用/元
夏季/冬季	冷水机组	40	120/120	24	10	90	10368	76896	0.72	55365
					75	75	64800			
					15	10	1728			
	水泵风机	8	120/120	24	10	90	2074	15380	0.72	11073
					75	75	12960			
					15	10	346			
合 计								92276		66438

5.4.1 制热工况

中央空调运行费用=单台空调运行费用×台数=66438 元×4 台=265752 元。

5.4.2 制冷工况

中央空调运行费用=单台空调运行费用×台数=66438 元×6 台=398628 元。

5.4.3 成本费用

中央空调成本=单台中央空调报价×台数=95600 元/台×6 台=573600 元。

5.4.4 全年费用

全年费用=夏季运行费用+冬季运行费用+全年维修费用+运行人工工资费用。

中央空调系统由于工况稳定、自动化控制程度高、机组运行可靠、使用寿命长等特点，可大大降低维护维修费用，年 60000 元（按单台空调价格 10%估算）以内即可完全满足。

中央空调系统性能的优越性决定了对操作管理人员用量少的特点，可大幅度减少运行工作人员的配置。依据经验，运行配置 4 人即可，在岗职工平均工资 29075 元，人工工资费用年约 116300 元。

全年费用 = 夏季运行费用 + 冬季运行费用 + 全年维修费用 + 运行人工工资费用
= 398628 元 + 265752 元 + 60000 元 + 116300 元
= 840680 元

5.5 太阳能压缩式热泵系统

5.5.1 制热工况

冬季制热是太阳能集热器产生的热量提供给热泵机组蒸发器，热泵机组耗电把蒸发器的热量供入房间制热[10]。

（1）选用 A 公司太阳能平板集热器。

1）热泵机组运行费用 = 压缩式热泵系统输入功率×每天运行小时数×冬季运行天数×单位电价×机组运转率×台数
= 150kW×24h×120 天×0.72 元/(kW·h) ×0.7×1 台
= 217728 元

2）太阳能平板集热器水泵运行费用 = 水泵输入功率×每天运行小时数×冬季运行天数×单位电价×集热器台数
= 0.093kW×9h×120 天×0.72 元/(kW·h)×413 台
= 29867 元

3）循环水泵运行费用 = 水泵输入功率×每天运行小时数×冬季运行天数×单位电价×台数
= 11kW×24h×120 天×0.72 元/(kW·h) ×1 台
= 22810 元

（2）选用 B 公司太阳能平板集热器。

冬季制热是太阳能集热器产生的热量提供给热泵机组蒸发器，热泵机组耗电把蒸发器的热量供入房间制热。

1）热泵机组运行费用 = 压缩式热泵系统输入功率×每天运行小时数×冬季运行天数×单位电价×机组运转率×台数
= 150kW×24h×120 天×0.72 元/(kW·h) ×0.7×1 台
= 217728 元

2）太阳能集热器水泵运行费用。

太阳能平板集热器水泵运行费用=水泵输入功率×每天运行小时数×冬季运行天数 ×单位电价×集热器台数
=0.1kW×9h×120 天×0.72 元/(kW · h) ×549 台
=42690（元）

（3）循环水泵运行费用=水泵输入功率×每天运行小时数×冬季运行天数 ×单位电价×台数
= 11kW×24h×120 天×0.72 元/(kW · h) ×1 台
=22810（元）

5.5.2 制冷工况

夏季制冷只需压缩式热泵机组制冷即可，也就是利用蒸发器冷量实现房间制冷。

（1）选用 A 公司太阳能平板集热器。

1）热泵机组运行费用=压缩式热泵系统输入功率×每天运行小时数×夏季运行天数×单位电价×机组运转率×台数
=112kW×24h×120 天×0.72 元/(kW · h) ×0.7×2 台
=325140 元

2）太阳能平板集热器水泵运行费用=水泵输入功率×小时数×夏季运行天数×单位电价×集热器台数
=0.093kW×13h×120 天×0.72 元/(kW · h) ×413 台
=43141 元

3）循环水泵运行费用=水泵输入功率×每天运行小时数×夏季运行天数 ×单位电价×台数
= 11kW×24h×120 天×0.72 元/(kW · h) ×2 台
=45620 元

夏季不仅需要制冷，同时也需要大量中低温生活热水。考虑利用太阳能集热器和热泵机组冷凝器加工生活热水。

1）经计算，单台太阳能集热器每小时产生温差为 40℃ 的 75℃ 热水为 67.8kg。

太阳能平板集热器热水量=单台集热器热水量×每天运行小时数×夏季运行天数×集热器台数
=67.8kg/h×13h×120 天×413 台
=43682t

2）热泵机组冷凝器热水量＝制热系数 COP×压缩机输入功率每天运行小时数×夏季运行天数×热泵机组台数
＝4.59×112kW×3600s×24h×120 天×2 台/4.1868kJ/(kg·℃)/40℃
＝63652t

3）太阳能集热器和热泵机组冷凝器产生的热水，如果用锅炉加热，需耗费标准煤＝(43682+63652)×103kg×4.1868 kJ/(kg·℃)×(75−35)℃/29308kJ/kg
＝613.3t

按照本年度煤炭价格，此部分节约的标准煤费用约 814019 元。

（2）选用 B 公司太阳能平板集热器。夏季制冷是利用系统蒸发器吸收房间热量进行制冷。

1）热泵机组运行费用＝压缩式热泵系统输入功率×每天运行小时数×夏季运行天数×单位电价×机组运转率×台数
＝112kW×24h×120×0.72 元/(kW·h）×0.7×2 台
＝325140 元

2）太阳能平板集热器水泵运行费用＝水泵输入功率×每天运行小时数×夏季运行天数×单位电价×集热器台数
＝0.1kW×13h×120 天×0.72 元/(kW·h）×549 台
＝61664 元

3）循环水泵运行费用＝水泵输入功率×每天运行小时数×夏季运行天数×单位电价×台数
＝11kW×24h×120 天×0.72 元/(kW·h）×2 台
＝45619 元

夏季不仅需要制冷，同时也需要大量中低温生活热水。考虑利用太阳能集热器和热泵机组冷凝器加工生活热水。

1）经计算，单台太阳能集热器每小时产生温差为 40℃ 的 75℃ 热水为 50.8kg。

太阳能集热器热水量＝单台集热器热水量×每天运行小时数×夏季运行天数×集热器台数
＝50.8kg/h×13h×120 天×549 台
＝43507t

2）热泵机组冷凝器热水量＝制热系数 COP×压缩机输入功率×每天运行小时数×夏季运行天数×热泵机组台数

=4. 59×112kW×3600s×24h×120 天×2 台/

4. 1868kJ/(kg · ℃)/40℃

=63652t

3）太阳能集热器和热泵机组冷凝器产生的热水，如果用锅炉加热，需耗费标准煤=(43507+63652)×103kg×4. 1868 kJ/(kg · ℃)×(75−35)℃/29308kJ/kg

=612. 3t

按照本年度煤炭价格，此部分节约的标准煤费用约 812522 元。

5.5.3　成本费用

选用 A 公司太阳能平板集热器：

(1) 压缩式热泵机组成本= 297780 元×2=595560 元。

(2) 太阳能集热器成本=单台集热器报价×集热器台数=25600 元/台×413 台=10572800 元。

(3) 循环水泵成本=10000 元×2=20000 元。

选用 B 公司太阳能平板集热器：

(1) 压缩式热泵机组成本= 297780 元×2=595560 元。

(2) 太阳能集热器成本=单台集热器报价×集热器台数=15000 元/台×549 台=8235000 元。

(3) 循环水泵成本=10000 元×2=20000 元。

5.5.4　全年费用

全年费用=夏季运行费用+冬季运行费用+全年维修费用+运行人工工资费用

水源热泵机组[11]具有工况稳定、自动化控制程度高、机组运行可靠、使用寿命长等特点，可大大降低维护维修费用，年 80000 元以内即可完全满足。太阳能集热器数量较多、系统复杂，维修费用约 100000 元。

太阳能压缩式热泵性能的优越性决定了对操作管理人员用量少的特点，可大幅度减少运行工作人员的配置。依据经验，运行配置 4 人即可，在岗职工平均工资 29075 元，人工工资费用年约 116300 元。

全年运行费用：

(1) 采用 A 公司太阳能平板集热器。

全年费用=夏季运行费用+冬季运行费用+全年维修费用+运行人工工资费用

=413901 元+270405 元+180000 元+116300 元

=980606 元

(2) 采用 B 公司太阳能平板集热器。

全年费用=夏季运行费用+冬季运行费用+全年维修费用+运行人工工资费用

$=432424$ 元 $+283228$ 元 $+180000$ 元 $+116300$ 元

$=1011952$ 元

5.6 节能分析

5.6.1 设备初投资对比

图 5-1 给出了几种用能方案的设备初投资的对比。由图可以看出，给定的 8 种用能方案中，中央空调初投资最小、太阳能压缩式热泵系统初投资最多、三种锅炉+分体式空调方案初投资相差不多。在太阳能压缩式热泵系统初投资中，集热器投资占太阳能热泵初投资的比例很大。选定的 A 公司太阳能平板集热器和 B 公司太阳能平板集热器方案，以压缩式热泵+A 公司太阳能平板集热器系统初投资最大。三种锅炉初投资高于分体式空调和中央空调系统。在锅炉+分体式空调系统中，燃气锅炉+分体式空调系统初投资最大、燃煤锅炉+分体式空调系统初投资最小。燃油锅炉+分体式空调系统初投资介于两者之间。

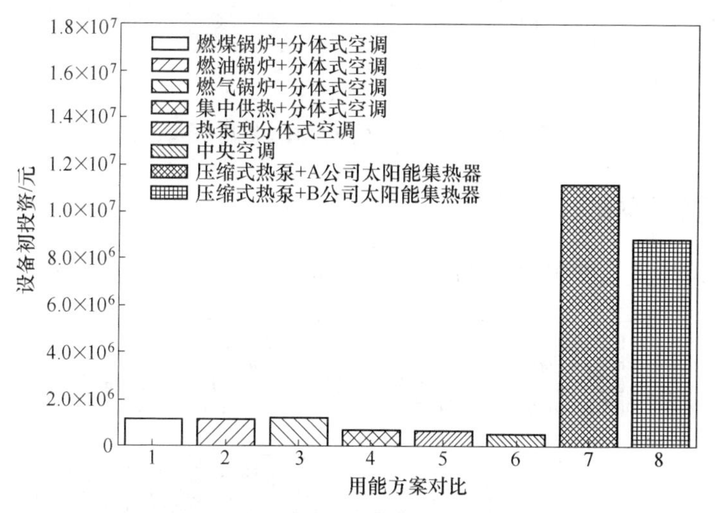

图 5-1 几种用能方案的设备初投资情况

集中供热+分体式空调系统和热泵型分体式空调系统初投资一样。中央空调初投资小于分体式空调系统，需要说明，小负荷下中央空调系统优势并不太显著。

5.6.2 运行费用对比

图 5-2 给出了几种用能方案的运行费用的对比。给定的 8 种用能方案中，三种锅炉+分体式空调方案运行费用远远高于其他用能方案。其中，燃油锅炉+分

体式空调系统运行费用最高，燃煤锅炉+分体式空调系统运行费用最低，燃气锅炉+分体式空调系统介于两者之间。给定的太阳能热泵系统运行费用比较接近，压缩式热泵+B 公司太阳能平板集热器方案运行费用略高于压缩式热泵+A 公司太阳能平板集热器方案。选定几种用能方案中，集中供热+分体式空调系统运行费用最低，中央空调系统运行费用略高于集中供热+分体式空调系统。

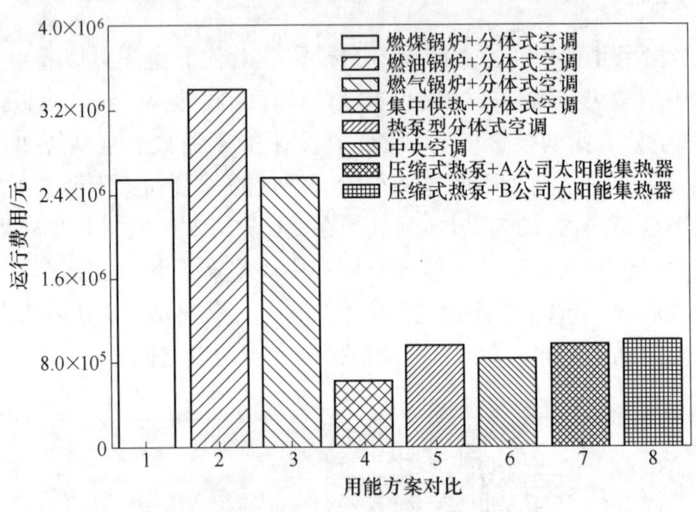

图 5-2　几种用能方案的运行费用情况

5.6.3　使用寿命对比

图 5-3 给出了几种用能方案的使用寿命的对比。给定的 8 种用能方案中，三

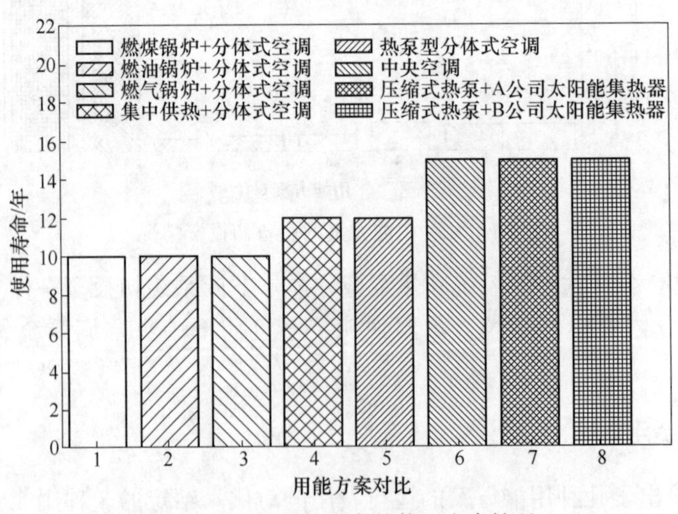

图 5-3　几种用能方案的使用寿命情况

种锅炉+分体式空调用能方案约为 10 年，集中供热+分体式空调系统和热泵型分体式空调系统使用寿命约为 12 年，太阳能压缩式热泵系统使用寿命约为 15 年。

5.6.4 维护费用对比

图 5-4 给出了几种用能方案的维护费用的对比。给定的 8 种用能方案中，锅炉+分体式空调系统维护费用高于集中供热+分体式空调系统和热泵型分体式空调系统。所有用能方案中，中央空调系统维护费用最低，太阳能压缩式热泵系统维护费用最高。其中，压缩式热泵+A 公司太阳能平板集热器方案维护费用与压缩式热泵+B 公司太阳能平板集热器方案维护费用相差不多。此外，太阳能集热器数量和质量对系统稳定运行起到至关重要作用。

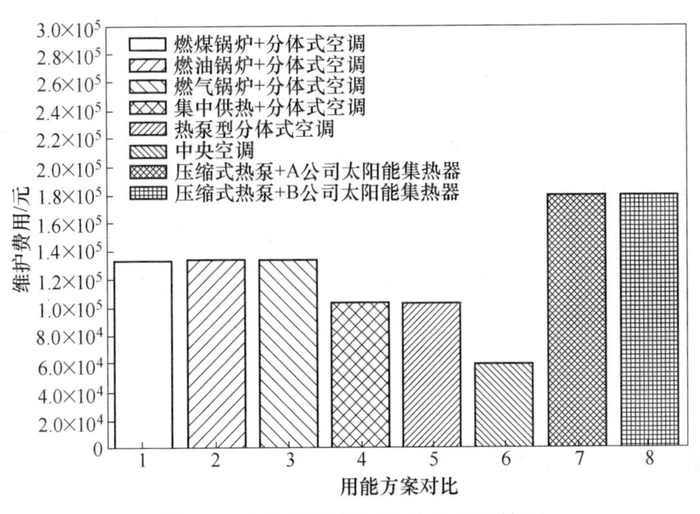

图 5-4 几种用能方案的维护费用情况

5.6.5 投资回收期对比

图 5-5 给出了几种用能方案的投资回收情况对比。随着运行时间的延续，所有用能方案总费用均线性增加。第一年，太阳能压缩式热泵方案总费用最高，压缩式热泵+A 公司太阳能平板集热器方案总费用略高于压缩式热泵+B 公司太阳能平板集热器方案费用；集中供热+分体式空调系统、热泵型分体式空调系统和中央空调系统总费用最低且比较接近；三种锅炉+分体式空调系统总费用介于太阳能热泵系统和分体式空调系统之间。第四年时，太阳能压缩式热泵系统费用已经低于燃油锅炉+分体式空调系统总费用。第六年时，三种锅炉+分体式空调系统总费用已经超过两种太阳能压缩式热泵系统总费用。第十年时，三种锅炉+分体式空调系统总费用已经远远超过太阳能压缩式热泵系统总费用。

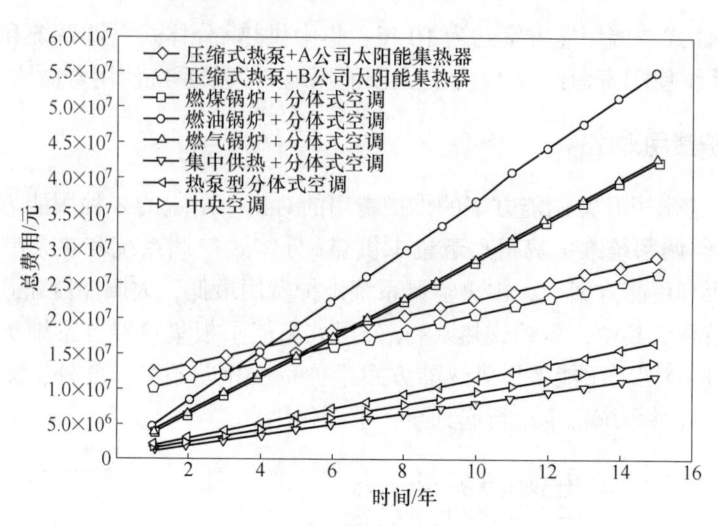

图 5-5　几种用能方案的投资回收情况

所有用能方案中，集中供热+分体式空调系统总费用和中央空调系统费用最低，太阳能热泵系统总费用初投资最高。随着运行周期增加，三种锅炉+分体式空调系统总费用显著增加，太阳能压缩式热泵系统效益逐渐明显。小负荷或制冷供暖面积较小，中央空调系统优越性比较明显；大负荷或制冷供暖面积较大，太阳能热泵系统优越性比较明显。

5.7　讨论与建议

5.7.1　燃煤锅炉+分体式空调

锅炉供暖+分体式空调方案初投资较高，燃气锅炉和燃油锅炉投资要高于燃煤锅炉。从运行费用角度考虑，燃油燃气锅炉费用也要高于燃煤机组。从燃烧效率和环境保护考虑，燃油燃气锅炉效率要高于燃煤机组，污染物排放低于燃煤机组。对于工业锅炉或电站锅炉，机组装机容量越大，机组效率也越高，对于中小型容量锅炉，其热效率是比较低的。工业锅炉效率通常为 50%～70%，低压工业锅炉的设计热效率一般在 70%～90%之间，一般实际运行热效率在 60%～80%左右，电站锅炉效率大于 90%。对于用户负荷要求不大或供热面积较小，采用锅炉供暖+分体式空调方案不仅投资成本高、运行费用高和回收周期短。另外，污染物排放也非常高。因而，无论从公司投资还是国家环保测评考虑，小机组容量锅炉不是最优方案，这也是现在取缔小锅炉供暖，推行集中供热方案的原因。

5.7.2　城市集中供热+分体式空调

在给定的几种用能方案中，城市集中供热+分体式空调方案无论从初投资还是运行费用角度考虑，都是属于能耗最低的方案，这对公司、企业等热用户是比较经济的。但实际上，这并不是最优用能方案。

集中供热的用能效率不高，这点是很多人意想不到的[12]。大型锅炉在结构上可以做到尽量提高燃烧效率，锅炉的热效率高，这是事实。但是集中供热的管网损失，包括管路热损失和输送功率损失，是非常大的。管网越大，管路越长，损失越大。由于管路输送所产生的热量损失加输送泵功率损失，占锅炉制热量的20%~50%。锅炉集中供热的前期成本也是比较大的。即使设计非常节能的现代化的集中供热，都要将煤炭运输到锅炉房，通过铁路、公路长途运输，装车卸车，煤炭运输的成本越来越高。1t 煤在产地价格不过一二百元，到使用地就可能七八百元，甚至上千元。因为煤炭的能量包含在物质之中，煤炭还含有较多的灰分，这些无效的物质都被长途运输，燃烧后的灰分还得运输处理，无疑都增加了集中供热成本。

集中供暖一次性投资大、运行费用高，无论是否需要，暖气始终全天供应，因建筑物的远近和楼层不同还会造成温度不均，若遇到供暖温度偏低，居民就会投诉；若遇到供暖偏热，居民只有开窗降温，使宝贵的能源白白浪费。同时，集中供暖收费往往按面积收取，而不是按每户的能耗收取，当遇到有因各种理由拒绝缴费的用户，热量仍然可传入该户。

集中锅炉房比过去小炉灶或单位供暖的小锅炉的污染排放有很大减轻，主要是粉尘少了，但并没有解决诸如二氧化硫和氮氧化物的污染，特别当需要进一步减少温室气体排放，也就是二氧化碳的排放时，更是无能为力。随着对环境污染治理进程的推进，我国实行污染总量的控制，集中锅炉会逐步限制使用规模，减小应用范围。

5.7.3 热泵型分体式空调

热泵是用电能将低品位的热能，如空气、地表水、土壤、地下水中的热能，提高温度向房间供热。热泵技术在理论上是最合理的供热方式，它用 1 份电能，回收利用 3~5 份的低温热能，比电加热提高了 3~5 倍的效率。

分体式空调有变频和定频[13,14]之分，对应的机组性能也不尽相同。但与中央空调相比，大负荷需求时分体式空调初投资较高且机组效率较低。因而，在大面积制冷和制热工况下，无论从初投资、运行费用，还是操作管理，热泵型分体式空调均有一定的局限性。热泵型分体式空调在遇到冬天的低温或是夏天的高温就不能应用，这是一个瓶颈[15]。但是冬天的时候，我国大部分地区的气温比较低，甚至达到零下几十度，热泵只能在采暖季节开始之前或是采暖季节结束以后才用。

5.7.4　中央空调系统

在给定的几种用能方案中，中央空调系统无论从初投资还是运行费用角度考虑，都是属于能耗较低的方案。与分体式空调相比，中央空调的效果优于分体式空调，中央空调可采用变频技术提高机组性能。中央空调投资要比分体式空调低。另外，中央空调运行灵活，管理方便，且运行费用低于分体式空调，中央空调寿命较长。在较大制冷制热负荷下，中央空调系统要比分体式空调方案优越。

5.7.5　太阳能压缩式热泵系统

在给定的几种用能方案中，太阳能压缩式热泵系统属于高效环保节能方案。同时，该方案还可以克服冬季温度太低导致压缩式热泵不能正常工作的问题。但是，无论从初投资还是运行费用角度考虑，该方案费用都比较高。另外，太阳能集热器对环境气候比较敏感，如阴雨天气、雾霭，晚上也不能使用。粉尘污染严重区域，太阳能集热器效果也比较差，同时也加重了维修任务和费用。综合比较各种用能方案，在光照强度丰富区域和冷热负荷要求不是很大工况下，太阳能压缩式热泵系统的优越性比较显著。该方案比较适合政府做示范性工程或节能推广产品宣传。

5.8　小结

基于选定的几种用能方案，分别从设备初投资、运行费用、使用寿命、维护费用和投资回收期等方面进行了对比分析。传统锅炉+分体式空调方案初投资小，但后续运行费用高，并且严重污染环境；太阳能压缩式热泵方案初投资大，但后续运行费用低，属于清洁用能模式，今后可能成为主要用能模式之一。本章最后也对太阳能热泵的缺点进行了阐述，如阴雨天气、雾霾和粉尘污染严重区域，太阳能热泵效果较差，甚至不能正常工作。

参 考 文 献

[1] 全国人大常委会法制工作委员会．中华人民共和国节约能源法释义［S］．北京：法律出版社，2008.

[2] 严传俊，范玮．燃烧学［M］．西安：西北工业大学出版社，2008.

[3] 车得福，庄正宁，李军，等．锅炉［M］．西安：西安交通大学出版社，2008.

[4] 朱乐琪，张旭．数码涡旋多联机空调系统开机率和负荷率与冬季制热能耗特性的关系探讨［J］．制冷空调与电力机械，2007，28（1）：24~26.

[5] 王亮，卢军，罗轶麟．校园综合建筑空调系统能耗［J］．暖通空调，2013（12）：154~159.

[6] 范立娜，陶乐仁，杨丽辉．变频转子式压缩机降低吸气干度对容积效率的影响［J］．上

海理工大学学报，2014，36（4）：312~316.

[7] 张均岩，张世万，李俊杰．变频空调系统性能影响因素的研究［J］．电器，2013（S1）：258~261.

[8] 王健翁，文兵．家用变频空调充注优化过程各参数的研究［J］．制冷与空调，2012，26（3）：285~289.

[9] 易新，刘宪英．变频冷水机组在中央空调系统中的应用［J］．重庆大学学报，2002，25（8）：100~103.

[10] Aymeric Girard，Eulalia Jadraque Gago，Tariq Muneer，et al. Higher ground source heat pump COP in a residential building through the use of solar thermal collectors［J］. Renewable Energy，2015（80）：26~39.

[11] 张增，李明滨，李宏燕，等．一种小型太阳能水源热泵采暖系统的试验研究［J］．中国农机化学报，2015，36（2）：224~226.

[12] http：//www. huaxiagongnuan. com/newsinfo. asp？big=10&id=3088.

[13] 王明涛，张淑荣，巩志强．变频制冷装置过热度控制试验［J］．低温与超导，2015，43（4）：73~77.

[14] 金听祥，李冠举，郑祖义．R410a直流变频与定频热泵热水器性能对比试验研究［J］．流体机械，2011，39（5）：70~73.

[15] 周锦生．多联式空调（热泵）机组能效的理论极限［J］．制冷与空调，2012，12（5）：111~115.

6 太阳能压缩式热泵经济性模糊评判

6.1 模糊理论基础

模糊数学的概念由美国加利福尼亚大学的 L. A. Zadeh 教授于 1962 年首次提出。随后，Zadeh 教授于 1965 年明确提出了模糊性的问题，给出了模糊概念的定量描述方法，自此模糊数学诞生了[1~3]。模糊综合评判方法是一种运用模糊数学原理分析和评价具有“模糊性”事物的系统分析方法。它是一种以模糊推理为主的定性与定量结合、精确与非精确相统一的分析方法[4]。近年来，模糊综合评判方法已经广泛应用于多个科学领域，包括农业、气候、地质勘查等领域，尤其对某一地区经济发展水平、水质等方面的评价表现出独特的优越性。

6.1.1 基本概念

6.1.1.1 模糊集

模糊集是一类边界模糊不清的集合，其定义如下：

给定从全集 X 到隶属度空间 M（M 通常为闭区间［0，1］）上的一个映射 μ_A：

$$\mu_A: X \rightarrow M \tag{6-1}$$

$\mu_A(x)$ 为集合 A 的隶属函数，那么 $A = \{(x, \mu_A(x)) \mid x \in X\}$ 是一个模糊集合。

模糊集一般可用如下方法来表示：

（1）记为元素及其隶属度的二元组的形式，见式（6-1）。

（2）记为元素与隶属度的和的形式，见式（6-2）和式（6-3）：

$$A = \mu_A(x_1)/x_1 + \mu_A(x_2)/x_2 + \cdots \tag{6-2}$$

$$A = \sum_{i=1}^{n} (x_i)/x_i \tag{6-3}$$

（3）当全集 X 是连续域时，则记为积分形式，见式（6-4）：

$$A = \int_X \mu_A(x)/x \tag{6-4}$$

6.1.1.2 模糊集

+当且仅当：

$$\mu_B(x) \leqslant \mu_A(x)(\forall x \in X) \tag{6-5}$$

则有 $B \subseteq A$，并称 B 为 A 的模糊子集。

当 $B \subseteq A$ 且 $A \subseteq B$ 时，由隶属度空间 M 的反称性显然有 $B = A$。

6.1.1.3 模糊矩阵

若 $\boldsymbol{R}$ 是 $X \times Y$ 上的一个模糊关系，其中：

$$X = \{x_1, x_2, \cdots, x_m\}, Y = \{y_1, y_2, \cdots, y_n\} \tag{6-6}$$

是有限集合。那么：

$$\begin{bmatrix} \mu_R(x_1, y_1) & \mu_R(x_1, y_2) & \cdots & \mu_R(x_1, y_n) \\ \mu_R(x_2, y_1) & \mu_R(x_2, y_2) & \cdots & \mu_R(x_2, y_n) \\ \vdots & \vdots & & \vdots \\ \mu_R(x_m, y_1) & \mu_R(x_m, y_2) & \cdots & \mu_R(x_m, y_n) \end{bmatrix} \tag{6-7}$$

是一个 $m \times n$ 的模糊矩阵，记为 $\boldsymbol{R}$。

当 $X = Y$ 时，$\boldsymbol{R}$ 是一个 $m \times m$ 的模糊矩阵，记模糊矩阵为：

$$\boldsymbol{R} = [r_{ij}](0 \leqslant r_{ij} \leqslant 1 \forall i, j) \tag{6-8}$$

6.1.2 模糊综合评判基本理论

所谓综合评判，就是对我们所研究的对象进行评价，这里的评判是指按照给定的条件对事物的优劣进行评比、判定。综合是指评判条件包含多个因素，模糊综合评判是对受到多个因素影响的事物做出全面的评价的一种有效的多因素决策方法[5]。模糊综合评判必须要经过建立评判对象的因素集，建立合理的评语集合，用一些相应的方法生成评判矩阵，并通过合适的模糊算子进行综合评判[6]。

模糊评价方法的计算过程如下[7]：

（1）建立评价指标系统。

（2）确定评价指标的权重向量。

（3）建立评价集。

（4）构建模糊矩阵并利用模糊数学方法求取各因子对应的量。

（5）标准化，建立模糊评价矩阵：$\boldsymbol{R} = (\boldsymbol{R}_1, \boldsymbol{R}_2, \cdots, \boldsymbol{R}_i, \cdots, \boldsymbol{R}_n)$。其中 $\boldsymbol{R}_i = (\boldsymbol{R}_{i1}, \boldsymbol{R}_{i2}, \cdots, \boldsymbol{R}_{ik}, \cdots, \boldsymbol{R}_{im})$ 是第 i 个评价因子的评价向量，并且所有的评价向量都要用来建立多目标的模糊评判矩阵。

（6）完成模糊评判的模糊计算，评价因子集，然后再标准化，得到模糊评判的综合评价结果：$B = W \cdot R = (b_1,\ b_2,\ \cdots,\ b_n)$。

（7）最终优属度：$\max(\alpha_1 M_{Cj} + \alpha_2 M_{Ej} + \alpha_3 M_{Gj})$。其中，$j=1,\ 2,\ \cdots$。

6.2　太阳能压缩式热泵系统模糊评判

6.2.1　模糊评判指标量化

对于难以用数量描述的定性目标，不同方案之间优劣对比选取各不相同[8]。本节选用四个等级评判标准："差"、"一般"、"较好"和"好"。一般而言，模糊概念量化时，必须在指定的定义域内进行。对于目标 i，用0~1之间的一个数字来表示目标的"好"与"坏"程度。当然，这里的"好"与"坏"不是绝对值，而是相对值。因此，可以将"好"的隶属度赋予一个较大的值（0~1之间），将"差"的隶属度赋予一个较小的值（0~1之间）之间。本节将"好"的隶属度设置为0.9，"较好"的隶属度设置为0.8，"一般"的隶属度设置为0.6，"差"的隶属度设置为0.3。

太阳能压缩式热泵系统分析包括设备初投资、年运行费用、年维护费用以及设备寿命等经济性方面，同时也包括环保指数、安全指数和安装地点等社会性方面。基于前面章节计算，表6-1给出了几种用能方案经济性和社会性等指标对比。

对于确定的四个等级评判标准，隶属度设置如下：

（1）环保指数隶属度划分依据：污染不节能隶属度属于"差"，环保不节能隶属度属于"一般"，环保节能隶属度属于"较好"，高效环保节能隶属度属于"好"。

（2）安全指数隶属度划分依据：危险隶属度属于"差"，较危险隶属度属于"一般"，相对安全隶属度属于"较好"，安全隶属度属于"好"。

（3）安装地点隶属度划分依据：安装受限制隶属度属于"差"，安装较受限制隶属度属于"一般"，安装不限制隶属度属于"好"。

（4）使用效果隶属度划分依据：冬、夏季温度调节麻烦隶属度属于"差"，夏季温度调节较麻烦隶属度属于"较差"，智能控温，调节灵活隶属度属于"好"。

6.2.2　权重向量的确定

因素权重集记为 $A = \{a_1,\ a_2,\ a_3,\ a_4\}$。式中，$A$ 为 U 上的模糊子集。同理，子因素权重集记为 $A_i = \{a_{i1},\ a_{i2},\ \cdots,\ a_{im_i}\}$（$i = 1,\ 2,\ 3,\ 4$）。式中，$A_i$ 为 u_i 上的模糊子集。

表 6-1 几种用能方案经济性和社会性指标对比

冷负荷/kW	672			热负荷/kW	414			
明细	锅炉			空调			太阳能热泵	
系统形式	燃煤锅炉+分体式空调	燃油锅炉+分体式空调	燃气锅炉+分体式空调	集中供热+分体式空调	热泵型分体式空调	中央空调	太阳能压缩式热泵+A 公司集热器	太阳能压缩式热泵+B 公司集热器
能源种类	煤	柴油	天然气	电	空气+电	空气+电	太阳能+电	太阳能+电
初投资费用/元	1186816	1194816	1254816	690816	690816	573600	11188360	8850560
年运行费用/元	2556736	3411176	2566976	636244	956993	840680	980606	1011952
年维护费用/元	133622	133622	133622	103622	103622	60000	180000	180000
设备寿命/年	10	10	10	12	12	15	15	15
环保指数	污染不节能	污染不节能	污染不节能	环保不节能	环保不节能	环保节能	高效环保节能	高效环保节能
安全指数	较危险	危险	危险	安全	相对安全	相对安全	安全	安全
安装地点	安装受限制	安装受限制	安装受限制	安装不受限制	安装不受限制	安装不受限制	安装较受限制	安装较受限制
使用效果	冬、夏季温度调节麻烦	冬、夏季温度调节麻烦	冬、夏季温度调节麻烦	夏季温度调节较麻烦	冬、夏季温度调节较麻烦	智能控温，调节灵活	智能控温，调节灵活	智能控温，调节灵活

A=（初投资费用，年运行费用，年维护费用，设备寿命，环保指数，安全指数，安装地点，使用效果）=（0.3，0.25，0.08，0.05，0.15，0.07，0.05，0.05）

6.2.3 隶属度及模糊评判矩阵的确定

6.2.3.1 定量目标隶属度的确定

空调和热泵系统方案选优具有相对性，我们取决策集中定量目标 i 的最大值 $\mathrm{Max}(x_{ij})$ 和最小值 $\mathrm{Min}(x_{ij})$ 作为该评判目标隶属度的上、下界限，具体的隶属度计算公式如下：

（1）对于数值越大越优的目标：

$$r_{ij} = \frac{x_{ij}}{\max(x_{ij})} \tag{6-9}$$

（2）对于数值越小越优的目标：

$$r_{ij} = \frac{\min(x_{ij})}{x_{ij}} \tag{6-10}$$

式中，x_{ij}代表太阳能热泵系统方案中方案 j 的第 i 个评判目标的向量值。

由表6-1，利用式（6-9）和式（6-10），所以有：

（1）初投资费用应该是越低越好。故初投资费用模糊子集应该是（0.48，0.48，0.46，0.83，0.83，1.00，0.05，0.06）。

（2）年运行费用应该是越低越好。年运行费用模糊子集（0.25，0.19，0.25，1.00，0.66，0.76，0.65，0.63）。

（3）年维护费用应该是越低越好。年维护费用模糊子集（0.45，0.45，0.45，0.58，0.58，1.00，0.33，0.33）。

（4）系统使用寿命应该是越长越好。系统使用寿命模糊子集为（0.67，0.67，0.67，0.80，0.80，1.00，1.00，1.00）。

（5）环保指数越高越好。环保指数模糊子集为（0.30，0.30，0.30，0.60，0.60，0.80，0.90，0.90）。

（6）安全指数越高越好。安全指数模糊子集为（0.60，0.30，0.30，0.90，0.80，0.80，0.90，0.90）。

（7）安装地点越小不受限制越好。安装地点模糊子集为（0.30，0.30，0.30，0.90，0.90，0.90，0.60，0.60）。

（8）使用效果智能型越高、调节越灵活越好。使用效果模糊子集为（0.30，0.30，0.30，0.60，0.30，0.90，0.90，0.90）。

6.2.3.2 模糊评判矩阵的确定

包括太阳能压缩式热泵系统在内的多种用能方案系统模糊评判矩阵 **R** 为：

$$\boldsymbol{R}=\begin{bmatrix} 0.48 & 0.48 & 0.46 & 0.83 & 0.83 & 1.00 & 0.05 & 0.06 \\ 0.25 & 0.19 & 0.25 & 1.00 & 0.66 & 0.76 & 0.65 & 0.63 \\ 0.45 & 0.45 & 0.45 & 0.58 & 0.58 & 1.00 & 0.33 & 0.33 \\ 0.67 & 0.67 & 0.67 & 0.80 & 0.80 & 1.00 & 1.00 & 1.00 \\ 0.30 & 0.30 & 0.30 & 0.60 & 0.60 & 0.80 & 0.90 & 0.90 \\ 0.60 & 0.30 & 0.30 & 0.90 & 0.80 & 0.80 & 0.90 & 0.90 \\ 0.30 & 0.30 & 0.30 & 0.90 & 0.90 & 0.90 & 0.60 & 0.60 \\ 0.30 & 0.30 & 0.30 & 0.60 & 0.30 & 0.90 & 0.90 & 0.90 \end{bmatrix}$$

$$\boldsymbol{A}=(0.3,\ 0.25,\ 0.08,\ 0.05,\ 0.15,\ 0.07,\ 0.05,\ 0.05)$$

$$B=\boldsymbol{A}\times\boldsymbol{R}=[0.3930, 0.3570, 0.3660, 0.8134, 0.7064, 0.8860, 0.5269, 0.5249]$$

图 6-1 给出了 Matlab 软件[9]输出结果。上述计算表明：

（1）燃煤锅炉+分体式空调方案的评判因子为 0.3930；

（2）燃油锅炉+分体式空调方案的评判因子为 0.3570；

（3）燃气锅炉+分体式空调方案的评判因子为 0.3660；

（4）城市集中供热+分体式空调方案的评判因子为 0.8134；

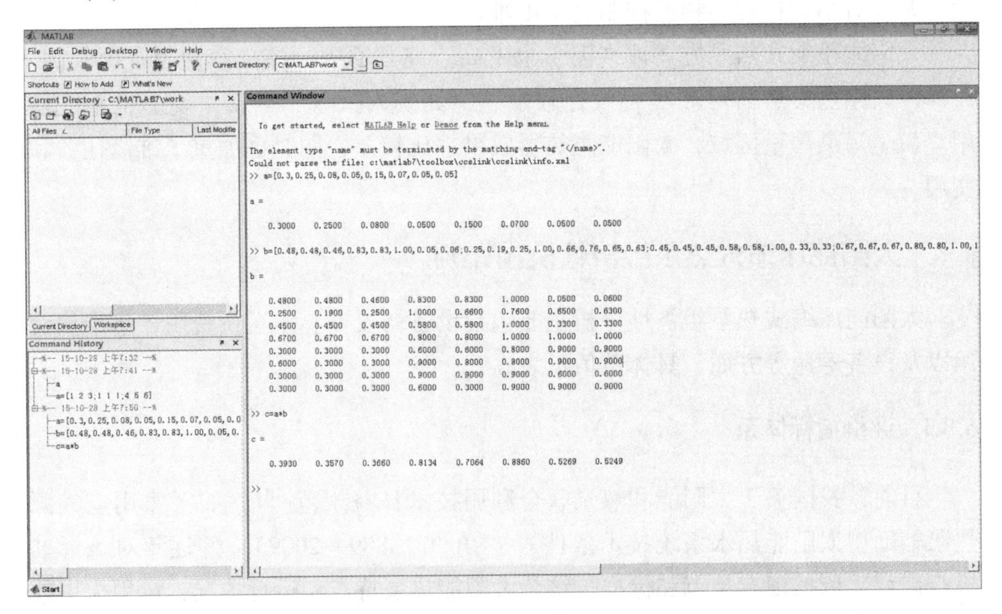

图 6-1 Matlab 软件输出结果

（5）热泵型空调冬季供暖+夏季制冷方案的评判因子为0.7064；

（6）集中式中央空调系统方案的评判因子为0.8860；

（7）太阳能压缩式热泵（A公司集热器）方案的评判因子为0.5269；

（8）太阳能压缩式热泵（B公司集热器）方案的评判因子为0.5249。

分析数据可知，集中式中央空调系统方案的评判因子最大，数值为0.8860，是所有方案中最优方案；城市集中供热+分体式空调方案的评判因子为0.8134，排名第二；热泵型空调冬季供暖+夏季制冷方案的评判因子为0.7064，排名第三。当热负荷或冷负荷较小时，集中式中央空调节能效果要比分体式空调或热泵节能显著。主要原因是热泵属于节能设备，机组功率越小，热泵性能越低。另外，虽然城市集中供热+分体式空调方案的评判因子比较高，但其并不是较优方案，因为集中供热系统的效率是很低的，这往往被忽视，这一点在前面章节有详细分析，这里不再赘述。

无论是燃煤锅炉+分体式空调方案、燃气锅炉+分体式空调方案，还是燃油锅炉+分体式空调方案，系统评判因子都比较低。一方面，大型锅炉在结构上可以做到尽量提高燃烧效率，锅炉的热效率高，这是事实。但是供热的管网损失，包括管路热损失和输送功率损失是非常大的。管网越大，管路越长，损失越大。另一方面，无论何种燃料形式的锅炉，在减少污染物排放方面都有很大的局限性，尤其对小颗粒污染物的控制更是困难。

太阳能压缩式热泵方案评判因子也不高。究其原因，该方案初投资比较高。另外，太阳能集热器对环境气候比较敏感，如阴雨天气、雾霭，晚上也不能使用。粉尘污染严重区域，太阳能集热器效果也比较差，同时也加重了维修任务和费用。

6.3 太阳能压缩式热泵经济性模糊评判

太阳能压缩式热泵经济性分析主要包括设备初投资、年运行费用、年维护费用以及设备寿命等方面，具体数值见表6-1。

6.3.1 评价指标体系

目前，我国关于太阳能和热泵联合利用技术日益规范[10]，如《家用空气源热泵辅助型太阳能热水系统技术条件》（GB/T 23889—2009），并逐年对该标准进行修订。依据现有规范和标准，结合太阳能热泵特点和运行情况，运用模糊数学方法，从设备初投资、年运行费用、年维护费用和设备寿命等四方面对唐山市某公司太阳能压缩式热泵进行定性评价，见表6-2。

表 6-2 太阳能压缩式热泵评价指标及处理结果

第1级		第2级						
因素	权重	子因素	权重	隶属度				
				低	较低	较高	高	很高
设备初投资	0.45	太阳能集热器	0.35	0.1	0.1	0.2	0.3	0.3
		储热水箱	0.09	0.2	0.3	0.3	0.2	0.0
		压缩机	0.10	0.1	0.2	0.4	0.2	0.1
		冷凝器	0.05	0.2	0.4	0.2	0.2	0.0
		节流装置	0.02	0.4	0.4	0.2	0.0	0.0
		蒸发器	0.05	0.2	0.4	0.2	0.2	0.0
		制冷剂	0.05	0.3	0.3	0.2	0.2	0.0
		仪表管路	0.06	0.2	0.3	0.4	0.1	0.0
		循环水泵	0.10	0.2	0.3	0.3	0.1	0.1
		系统加工组建	0.13	0.2	0.2	0.4	0.1	0.1
年运行费用	0.30	太阳能集热器	0.35	0.2	0.2	0.3	0.2	0.1
		压缩机	0.33	0.1	0.1	0.2	0.2	0.4
		循环水泵	0.18	0.1	0.3	0.3	0.3	0.0
		管理人员工资	0.10	0.1	0.3	0.3	0.3	0.0
		其他	0.04	0.5	0.3	0.1	0.1	0.0
年维护费用	0.15	太阳能集热器	0.35	0.1	0.2	0.2	0.2	0.3
		储热水箱	0.15	0.2	0.3	0.3	0.1	0.1
		压缩机	0.08	0.4	0.3	0.2	0.1	0.0
		换热器	0.10	0.2	0.3	0.3	0.1	0.1
		仪表管路	0.15	0.2	0.2	0.4	0.2	0.0
		循环水泵	0.17	0.1	0.4	0.4	0.1	0.0
设备寿命	0.10	太阳能集热器	0.30	0.1	0.2	0.4	0.2	0.1
		储热水箱	0.15	0.1	0.2	0.4	0.1	0.2
		压缩机	0.20	0.0	0.1	0.4	0.3	0.2
		换热器	0.15	0.1	0.3	0.3	0.2	0.1
		仪表管路	0.10	0.1	0.2	0.4	0.2	0.1
		循环水泵	0.10	0.0	0.2	0.4	0.3	0.1

6.3.2 模糊综合评判方法

模糊综合评判方法[11~13]是运用模糊数学原理分析和评价具有“模糊性”的

事物的系统分析方法，是在综合考虑评判对象的各项经济技术指标，兼顾评判对象各种特性、各方面因素的基础上，将各项指标进行量化处理，并根据不同指标对评判对象影响程度的大小分配以适当的权系数，从而对各评判对象给出一个定量的综合评价指标，通过对综合评价指标的比较选出最佳方案。

热泵运行安全与否、投资高与低均是相对模糊概念，因此可以采用模糊综合评判方法对其评价。当影响事物因素较多又有很强的不确定性和模糊性时，采用模糊综合评判方法进行量化分析具有明显的优越性。隶属函数是模糊综合评判方法的关键之一，是一种对不能精确定量表述的事物现象、规律及进程的模糊陈述的表达式，由此确定的隶属度是对模糊概念贴近程度的度量。针对太阳能热泵经济性评价中所考虑的几个影响因素，依据隶属函数构造方法及原则[14~17]，取定所需要的隶属函数。

6.3.3 因素集和等级集的确定

本节模糊综合评判的因素集为设备初投资、年运行费用、年维护费用和设备寿命，表示为 $u=\{u_1, u_2, u_3, u_4\}$。

每一因素下的子因素表示为 $u_i=\{u_{i1}, u_{i2}, \cdots, u_{ij}, \cdots, u_{im_i}\}$（$i=1, 2, 3, 4$）。式中，$u_{ij}$ 为第 i 因素中 j 子因素；m_i 为 i 因素中子因素数量。

根据实际情况并参考国内外相关标准，本节评判等级分为低、较低、较高、高、很高五个级别，向量表示为：$V=\{v_1, v_2, v_3, v_4, v_5\}$。

6.3.4 因素和子因素权重系数的确定

当研究的是二阶模糊综合评判时，权重系数包括因素权重系数和子因素权重系数。

因素权重系数反映各因素间的内在关系，体现了各因素在因素集中的重要程度。因素权重系数的确定，一般有 3 种方法，即德尔菲法（也称专家评议法）、专家调查法和判断矩阵分析法[18,19]。专家调查法通过匿名方式进行多次函询，具体做法：给专家们第一轮权重调查表，专家将个人评判表填好寄回后进行统计处理。一般要计算每一指标数的平均估计值及每位专家的个人估计值与平均估计值的离差。第 1 轮调查表统计出的结果，再反馈给被调查的专家，进行第 2 次咨询。如果咨询的结果比较集中，就可以定论；如果咨询的结果很离散，需要经过第 3 次、第 4 次咨询，直至各位专家的意见趋向一致或基本上趋向一致时，确定权重，再返回专家征求意见。因该种方法统计比较准确，与实际结果误差偏离小，本节采用专家调查法。鉴于权重系数的模糊性特点，其确定必须在大量统计数据的基础之上完成。因此需要聘请足够数量的专家，相互独立的完成调查数据。因素权重向量记为 $A=\{a_1, a_2, a_3, a_4\}$，式中，A 为 U 上的模糊子集，也即权重向量。同理，子因素权重向量为 $A_i=(a_{i1},\ a_{i2},\ \cdots a_{im_i})$，$(i=1,\ 2,\ 3,\ 4)$。式中，$A_i$ 为 u_i 上的模糊子集，也即权重向量。

6.3.5 模糊统计试验

r_{ij} 表示子因素 u_{ij} 对于等级 V_k 的隶属度。隶属度的确定方法很多，如模糊统计法、三分法、模糊分布法和其他方法，本节选用模糊统计法来确定隶属度 r_{ij}，即根据被调查专家针对子因素 u_{ij} 在等级 V_k 上的投票人数与被调查专家的总人数之比。对于每一子因素 u_i，统计结果可表示为：

$$\boldsymbol{R}_i=\begin{bmatrix}\boldsymbol{R}_{i1}\\ \boldsymbol{R}_{i2}\\ \vdots\\ \boldsymbol{R}_{im_i}\end{bmatrix}=\begin{bmatrix}r_{i11} & r_{i12} & r_{i13} & r_{i14} & r_{i15}\\ r_{i21} & r_{i22} & r_{i23} & r_{i24} & r_{i25}\\ \vdots & \vdots & \vdots & \vdots & \vdots\\ r_{im_i1} & r_{im_i2} & r_{im_i3} & r_{im_i4} & r_{im_i5}\end{bmatrix} \tag{6-11}$$

式中，$\boldsymbol{R}_i$ 为 $[\boldsymbol{u}_i\times\boldsymbol{V}]$ 上的模糊矩阵，称为评判矩阵，式（6-11）的每一行都满足归一化条件，即 $\sum_{k=1}^{5}r_{ijk}=1$。对于每一因素，均需要通过一次模糊统计试验来确定其评判矩阵 $\boldsymbol{R}_i$。

6.3.6 模糊统计试验的模糊综合评判

采用二阶模糊综合评判时，需先求出一阶评判，再进行二阶评判。

6.3.6.1 一阶模糊综合评判

一阶评判 $\boldsymbol{B}_i$ 为：

$$\boldsymbol{B}_i=\boldsymbol{A}_i\cdot\boldsymbol{R}_i=(b_{i1},\ b_{i2},\ b_{i3},\ b_{i4},\ b_{i5}) \tag{6-12}$$

式中 b_{ik} —— $b_{ik}=\sum_{j=1}^{m_i}a_{ij}\cdot r_{ijk}$，表示因素 u_i 对于等级 v_i 的隶属度；

$\boldsymbol{B}_i$ —— $\boldsymbol{V}$ 上的模糊子集，也即评判向量。

则一阶模糊综合评判 $\boldsymbol{C}_i$ 为：

$$\boldsymbol{C}_i=\boldsymbol{B}_i\cdot\boldsymbol{V}^T \tag{6-13}$$

对于每个因素，一阶模糊综合判断矩阵 $\boldsymbol{R}$ 为：

$$\boldsymbol{R}=\begin{bmatrix}\boldsymbol{B}_1\\ \boldsymbol{B}_2\\ \boldsymbol{B}_3\\ \boldsymbol{B}_4\end{bmatrix}=\begin{bmatrix}b_{11} & b_{12} & b_{13} & b_{14} & b_{15}\\ b_{21} & b_{22} & b_{23} & b_{24} & b_{25}\\ b_{31} & b_{32} & b_{33} & b_{34} & b_{35}\\ b_{41} & b_{42} & b_{43} & b_{44} & b_{45}\end{bmatrix} \tag{6-14}$$

式中 $\boldsymbol{R}$——$[\boldsymbol{U} \times \boldsymbol{V}]$ 上的模糊矩阵。

6.3.6.2 二阶模糊综合评判

二阶评判 $\boldsymbol{B}$ 为：

$$\boldsymbol{B} = \boldsymbol{A} \cdot \boldsymbol{R} = (b_1,\ b_2,\ b_3,\ b_4,\ b_5) \tag{6-15}$$

式中 b_k——$b_k = \sum_{i=1}^{5} a_i \cdot b_{ik}$，表示评判对象，即因素集 $\boldsymbol{U}$ 对等级 $\boldsymbol{V}_k$ 的隶属度；

$\boldsymbol{B}$——$\boldsymbol{V}$ 上的模糊子集，也就是系统性能模糊综合评判的结果向量。

6.3.7 综合评价结果

根据最大隶属度原则或变换 $\boldsymbol{C} = \boldsymbol{B} \cdot \boldsymbol{V}^{\mathrm{T}}$，然后根据 $\boldsymbol{C}$ 值分析评价结果。

6.3.8 算例评判

为了对太阳能压缩式热泵经济性进行定量评价，本节对上述太阳能压缩式热泵从设备初投资、年运行费用、年维护费用和设备寿命等四方面进行分析。通过对相关专家和工程设计人员的调查统计处理，确定本算例的权重系数及隶属度参数。分析如下：

$$\boldsymbol{A}_1 = (0.35,\ 0.09,\ 0.10,\ 0.05,\ 0.02,\ 0.05,\ 0.05,\ 0.06,\ 0.10,\ 0.13)$$

$$\boldsymbol{A}_2 = (0.35,\ 0.33,\ 0.18,\ 0.10,\ 0.04)$$

$$\boldsymbol{A}_3 = (0.35,\ 0.15,\ 0.08,\ 0.10,\ 0.15,\ 0.17)$$

$$\boldsymbol{A}_4 = (0.30,\ 0.15,\ 0.20,\ 0.15,\ 0.10,\ 0.10)$$

$$\boldsymbol{A} = (0.45,\ 0.30,\ 0.15,\ 0.10)$$

$$\boldsymbol{R}_1 = \begin{bmatrix} 0.1 & 0.1 & 0.2 & 0.3 & 0.3 \\ 0.2 & 0.3 & 0.3 & 0.2 & 0.0 \\ 0.1 & 0.2 & 0.4 & 0.2 & 0.1 \\ 0.2 & 0.4 & 0.2 & 0.2 & 0.0 \\ 0.4 & 0.4 & 0.2 & 0.0 & 0.0 \\ 0.2 & 0.4 & 0.2 & 0.2 & 0.0 \\ 0.3 & 0.3 & 0.2 & 0.2 & 0.0 \\ 0.2 & 0.3 & 0.4 & 0.1 & 0.0 \\ 0.2 & 0.3 & 0.3 & 0.1 & 0.1 \\ 0.2 & 0.2 & 0.4 & 0.1 & 0.1 \end{bmatrix} \qquad \boldsymbol{R}_2 = \begin{bmatrix} 0.2 & 0.2 & 0.3 & 0.2 & 0.1 \\ 0.1 & 0.1 & 0.2 & 0.2 & 0.4 \\ 0.1 & 0.3 & 0.3 & 0.3 & 0.0 \\ 0.1 & 0.3 & 0.3 & 0.3 & 0.0 \\ 0.5 & 0.3 & 0.1 & 0.1 & 0.0 \end{bmatrix}$$

$$R_3 = \begin{bmatrix} 0.1 & 0.2 & 0.2 & 0.2 & 0.3 \\ 0.2 & 0.3 & 0.3 & 0.1 & 0.1 \\ 0.4 & 0.3 & 0.2 & 0.1 & 0.0 \\ 0.2 & 0.3 & 0.3 & 0.1 & 0.1 \\ 0.2 & 0.2 & 0.4 & 0.2 & 0.0 \\ 0.1 & 0.4 & 0.4 & 0.1 & 0.0 \end{bmatrix} \quad R_4 = \begin{bmatrix} 0.1 & 0.2 & 0.4 & 0.2 & 0.1 \\ 0.1 & 0.2 & 0.4 & 0.1 & 0.2 \\ 0.0 & 0.1 & 0.4 & 0.3 & 0.2 \\ 0.1 & 0.3 & 0.3 & 0.2 & 0.1 \\ 0.1 & 0.2 & 0.4 & 0.2 & 0.1 \\ 0.0 & 0.2 & 0.4 & 0.3 & 0.1 \end{bmatrix}$$

一阶模糊综合判断为：

$$\boldsymbol{B}_1 = \boldsymbol{A}_1 \cdot \boldsymbol{R}_1 = (0.1640,\ 0.2190,\ 0.2770,\ 0.2020,\ 0.1380)$$

$$\boldsymbol{B}_2 = \boldsymbol{A}_2 \cdot \boldsymbol{R}_2 = (0.1510,\ 0.1990,\ 0.2590,\ 0.2240,\ 0.1670)$$

$$\boldsymbol{B}_3 = \boldsymbol{A}_3 \cdot \boldsymbol{R}_3 = (0.1640,\ 0.2670,\ 0.2890,\ 0.1500,\ 0.1300)$$

$$\boldsymbol{B}_4 = \boldsymbol{A}_4 \cdot \boldsymbol{R}_4 = (0.0700,\ 0.1950,\ 0.3850,\ 0.2150,\ 0.1350)$$

一阶模糊综合判断矩阵为：

$$\boldsymbol{R} = \begin{bmatrix} \boldsymbol{B}_1 \\ \boldsymbol{B}_2 \\ \boldsymbol{B}_3 \\ \boldsymbol{B}_4 \end{bmatrix} = \begin{bmatrix} 0.1640 & 0.2190 & 0.2770 & 0.2020 & 0.1380 \\ 0.1510 & 0.1990 & 0.2590 & 0.2240 & 0.1670 \\ 0.1640 & 0.2670 & 0.2890 & 0.1500 & 0.1300 \\ 0.0700 & 0.1950 & 0.3850 & 0.2150 & 0.1350 \end{bmatrix}$$

太阳能压缩式热泵经济性评判等级见表 6-3，即 $\boldsymbol{V} = (40,\ 50,\ 70,\ 85,\ 95)$，则一阶模糊综合评判 $\boldsymbol{C}_i = \boldsymbol{B}_i \cdot \boldsymbol{V}^{\mathrm{T}}$，见表 6-4。

表 6-3 太阳能压缩式热泵经济性评判等级

评价等级	低	较低	较高	高	很高
分数	40	50	70	85	95

表 6-4 太阳能压缩式热泵经济性一阶模糊综合评判结果

项目	权重	矩阵					分数
		低	较低	较高	高	很高	
设备初投资	0.45	0.1640	0.2190	0.2770	0.2020	0.1380	67.1800
年运行费用	0.30	0.1510	0.1990	0.2590	0.2240	0.1670	69.0250
年维护费用	0.15	0.1640	0.2670	0.2890	0.1500	0.1300	65.2400
设备寿命	0.10	0.0700	0.1950	0.3850	0.2150	0.1350	70.6000

二阶综合模糊评判为：

$$\boldsymbol{B} = \boldsymbol{A} \cdot \boldsymbol{R} = (0.1507,\ 0.2178,\ 0.2842,\ 0.2021,\ 0.1452)$$

则模糊综合评价 $\boldsymbol{C}$ 为：

$$\boldsymbol{C} = \boldsymbol{B} \cdot \boldsymbol{V}^{\mathrm{T}} = 67.7845$$

即太阳能压缩式热泵经济性的评价总得分为 67.78，经济性等级属于较高等级。

由表6-4可知，从设备初投资、年运行费用、年维护费用和设备寿命因素考虑，太阳能压缩式热泵经济性等级均属于较高级别，这也是限制太阳能热泵产品迅速推广的一个主要原因。另外，太阳能热泵产品的使用寿命也是用户十分关心的问题，因为这涉及产品回收周期问题。

6.4　太阳能压缩式热泵安全运行评价及方法

6.4.1　安全运行重要性

人们在享受着空调和热泵带来的舒适生活的时候，同时也不要忽视因疏忽或操作不当导致的灾难后果。

2013年8月31日，上海翁牌冷藏实业有限公司发生液氨泄漏事故，造成15人死亡、25人受伤。事故直接原因初步认定为厂房内液氨管路系统管帽脱落，引起液氨泄漏，并导致企业操作人员伤亡。两个多月前，一场由液氨泄漏导致的特大事故震惊全国。6月3日清晨，吉林省德惠市宝源丰禽业加工厂因液氨泄漏引发爆炸及大火，事故共造成121人死亡、76人受伤。

2013年4月21日，四川省眉山市仁寿县一食品厂冷库发生液氨泄漏事故，造成4人死亡，另有24人中毒。2013年4月1日，山东省德州市金锣集团工厂冷库发生氨气泄漏事故，40余人受伤，库内冷冻食品受到污染。2012年12月21日，浙江省舟山市，一艘渔轮在进行海上冷冻品处理时发生氨泄漏，造成7名工作人员中毒，3人死亡。2012年10月22日，湖北省洪湖市德炎水产品公司发生氨气泄漏事故，导致479人中毒，事故原因是冷却器螺旋盘管老化断裂。2011年8月28日，河北省万全县佳绿农产品液氨制冷管道发生爆裂，造成4人死亡、4人受伤。2009年8月5日，内蒙古赤峰市赤峰制药厂液氨槽罐车金属软管突然破裂，导致液氨泄漏，造成246人受伤，21人中毒。

2015年3月1日，浙江省义乌市苏溪镇人民路，一辆金色宾利轿车突然起火，10余分钟内窜出的火苗就将轿车烧成一具“空壳”。初步调查显示，这是一起副驾驶室部位空调机起火导致的自燃事件。

空调和热泵引发的事故近几年越来越多，目前，我国对空调和热泵安全运行制定了相关的规范，如《空调通风系统运行管理规范》（GB 50365—2005），并逐年对该标准进行修订，指标要求日益严格[20]。

当制冷机组采用的制冷剂对人体有害时，应对制冷机组定期检查、检测和维护，并应设置制冷剂泄漏报警装置。对制冷机组制冷剂泄漏报警装置应定期检查、检测和维护；当报警装置与通风系统连锁时，应保证联动正常。安全防护装置的工作状态应定期检查，并应对各种化学危险物品和油料等存放情况进行定期检查。空调通风系统设备的电气控制及操作系统应安全可靠。电源应符合设备要求，接线应牢固。接地措施应符合现行国家标准《建筑电气工程施工质量验收规范》(GB 50303—2013)，不得有过载运转现象。空调通风系统冷热源的燃油管道系统的防静电接地装置必须安全可靠。水冷冷水机组的冷冻水和冷却水管道上的水流开关应定期检查，并应确保正常运转。制冷机组、水泵和风机等设备的基础应稳固，隔振装置应可靠，传动装置运转应正常，轴承和轴封的冷却、润滑、密封应良好，不得有过热、异常声音或振动等现象。在有冰冻可能的地区，新风机组或新风加热盘管、冷却塔的防冻设施应在进入冬季之前进行检查。水冷冷水机组冷凝器的进出口压差应定期检查，并应及时清除冷凝器内的水垢及杂物。空调通风系统的防火阀及其感温、感烟控制元件应定期检查。空调通风系统的设备机房内严禁放置易燃、易爆和有毒危险物品。

对溴化锂吸收式制冷机组，应定期检查，下列保护装置应正常工作：

(1) 冷水及冷剂水的低温保护装置；

(2) 溴化锂溶液的防结晶保护装置；

(3) 发生器出口浓溶液的高温保护装置；

(4) 冷剂水的液位保护装置；

(5) 冷却水断水或流量过低保护装置；

(6) 停机时防结晶保护装置；

(7) 冷却水温度过低保护装置；

(8) 屏蔽泵过载及防汽蚀保护装置；

(9) 蒸发器中冷剂水温度过高保护装置。

对压缩式制冷机组，应定期检查，下列保护装置应正常工作：

(1) 压缩机的安全保护装置；

(2) 排气压力的高压保护和吸气压力的低压保护装置；

(3) 润滑系统的油压差保护装置；

(4) 电动机过载及缺相保护装置；

(5) 离心式压缩机轴承的高温保护装置；

(6) 卧式壳管式蒸发器冷水的防冻保护装置；

(7) 冷凝器冷却水的断水保护装置；

(8) 蒸发式冷凝器通风机的事故保护装置。

制冷机组的运行工况应符合技术要求，不应有超温、超压现象。压缩式制冷机组的安全阀、压力表、温度计、液压计等装置，以及高低压保护、低温防冻保护、电机过流保护、排气温度保护、油压差保护等安全保护装置应齐全，应定期校验。压缩式制冷设备的冷冻油油标应醒目，油位正常，油质符合要求。空调通风系统的压力容器应定期检查。氨制冷机房必须配备消防和安全器材，其质量和数量应满足应急使用要求。各种安全和自控装置应按安全和经济运行的要求正常工作，如有异常应及时做好记录并报告。特殊情况下停用安全或自控装置，必须履行审批或备案手续。空气处理机组、组合式空气调节机组等设备的进出水管应安装压力表和温度计，并应定期检验。冷却塔附近应设置紧急停机开关，并应定期检查维护。

6.4.2　评价指标体系

依据现有规范和标准，针对空调和热泵事故发生特点，运用模糊数学方法，从安全管理、系统设计、防灾设备和应急设备等四方面对太阳能压缩式热泵安全运行进行定性评价，见表6-5。

表6-5　太阳能压缩式热泵安全运行评价指标及处理结果

第1级		第2级						
因素	权重	子因素	权重	隶属度				
				很好	较好	中等	较差	很差
安全管理	0.15	工作人员安全意识	0.10	0.3	0.3	0.2	0.1	0.1
		工作人员安全技能	0.08	0.5	0.3	0.1	0.1	0.0
		安全检查	0.45	0.3	0.3	0.2	0.1	0.1
		防灾疏散预案	0.12	0.2	0.5	0.1	0.1	0.1
		防灾演练技能	0.15	0.3	0.4	0.2	0.1	0.0
		规章制度	0.10	0.4	0.2	0.2	0.1	0.1
系统设计	0.55	地质构造抗震性	0.12	0.3	0.2	0.3	0.1	0.1
		区域空间规划设计	0.14	0.2	0.3	0.2	0.2	0.1
		建筑结构设计	0.10	0.5	0.4	0.1	0.0	0.0
		建筑内负荷	0.01	0.5	0.3	0.1	0.1	0.0
		电信设备抗震设计	0.02	0.4	0.4	0.1	0.1	0.0
		防灾报警系统设计	0.11	0.5	0.3	0.1	0.1	0.0
		安全监控系统设计	0.20	0.3	0.5	0.2	0.0	0.0
		安全观测环境设计	0.10	0.4	0.3	0.1	0.1	0.1
		防排烟系统设计	0.07	0.5	0.3	0.1	0.1	0.0
		防火系统设计	0.05	0.3	0.3	0.3	0.1	0.0
		给排水系统设计	0.06	0.4	0.3	0.2	0.1	0.0
		防爆系统设计	0.02	0.5	0.3	0.2	0.0	0.0
防灾设备	0.20	防灾报警设备	0.10	0.5	0.2	0.3	0.0	0.0
		通风排烟设备	0.14	0.4	0.3	0.2	0.1	0.0
		防爆设备	0.07	0.4	0.3	0.2	0.1	0.0

续表 6-5

第1级		第2级						
因素	权重	子因素	权重	隶属度				
				很好	较好	中等	较差	很差
防灾设备	0.20	防火灾设备	0.12	0.5	0.3	0.2	0.0	0.0
		给排水设备	0.30	0.5	0.3	0.2	0.0	0.0
		地震监测设备	0.27	0.3	0.3	0.2	0.1	0.1
应急设备	0.10	声光报警设备	0.15	0.4	0.4	0.2	0.0	0.0
		消防通信设备	0.20	0.3	0.4	0.1	0.1	0.1
		应急照明设备	0.15	0.5	0.3	0.1	0.1	0.0
		避险疏散设备	0.25	0.3	0.3	0.3	0.1	0.0
		避险通道设备	0.16	0.3	0.4	0.1	0.1	0.1
		避险救助设备	0.09	0.3	0.3	0.2	0.1	0.1

6.4.3 模糊综合评判方法

模糊综合评判方法是运用模糊数学原理分析和评价具有“模糊性”的事物的系统分析方法。安全运行是一个模糊概念，在安全与危险之间并无明确的界限，因此可以采用模糊综合评判方法对其评价。当影响事物因素较多又有很强的不确定性和模糊性时，采用模糊综合评判方法进行量化分析具有明显的优越性。隶属函数是模糊综合评判方法的关键之一，是一种对不能精确定量表述的事物现象、规律及进程的模糊陈述的表达式，由此确定的隶属度是对模糊概念贴近程度的度量。综合考虑影响太阳能热泵安全运行的几个影响因素，依据隶属函数构造方法及原则，取定本节所需要的隶属函数。

6.4.4 因素集和等级集的确定

本节针对模糊综合评判的因素集为安全管理、系统设计、防灾设备和应急设备，表示为 $\boldsymbol{U} = \{u_1, u_2, u_3, u_4\}$。

每一因素下的子因素表示为 $\boldsymbol{U}_i = \{u_{i1}, u_{i2}, \cdots, u_{ij}, \cdots, u_{im_i}\}$ $(i = 1, 2, 3, 4)$。式中，u_{ij} 为第 i 因素中 j 子因素；m_i 为 i 因素中子因素数量。

根据实际情况并参考国内外相关标准，将评判等级分成安全、较安全、一般、较危险、危险 5 个级别，向量表示为：$\boldsymbol{V} = \{v_1, v_2, v_3, v_4, v_5\}$。

6.4.5 因素、子因素权重系数的确定

当研究的是二阶模糊综合评判时，权重系数包括因素权重系数和子因素权重

系数。

因素权重系数是反映各因素间的内在关系，体现了各因素在因素集中的重要程度。因素权重系数的确定，一般有 3 种方法，即德尔菲法（也称专家评议法）、专家调查法和判断矩阵分析法，本文选取专家调查法来确定因素的权重系数。因权重系数的模糊性特点，其确定必须在大量统计数据的基础之上完成。因此，需要聘请足够数量的相关领域专家相互独立的完成调查数据。因素权重集记为 $\boldsymbol{A} = \{a_1, a_2, a_3, a_4\}$ 。式中，$\boldsymbol{A}$ 为 $\boldsymbol{U}$ 上的模糊子集。同理，子因素权重集记为 $\boldsymbol{A}_i = \{a_{i1}, a_{i2}, \cdots, a_{im_i}\}(i = 1, 2, 3, 4)$ 。式中，$\boldsymbol{A}_i$ 为 u_i 上的模糊子集。

6.4.6 模糊统计试验

r_{ij} 表示子因素 u_{ij} 对于等级 V_k 的隶属度。隶属度的确定方法很多，如模糊统计法、三分法、模糊分布法和其他方法。本节选用模糊统计法来确定隶属度 r_{ij} ，即根据被调查专家针对子因素 u_{ij} 在等级 V_k 上的投票人数与被调查专家的总人数之比。对于每一子因素 $\boldsymbol{u_i}$ ，统计结果可表示为：

$$\boldsymbol{R}_i = \begin{bmatrix} \boldsymbol{R}_{i1} \\ \boldsymbol{R}_{i2} \\ \vdots \\ \boldsymbol{R}_{im_i} \end{bmatrix} = \begin{bmatrix} r_{i11} & r_{i12} & r_{i13} & r_{i14} & r_{i15} \\ r_{i21} & r_{i22} & r_{i23} & r_{i24} & r_{i25} \\ \vdots & \vdots & \vdots & \vdots & \vdots \\ r_{im_i1} & r_{im_i2} & r_{im_i3} & r_{im_i4} & r_{im_i5} \end{bmatrix} \tag{6-16}$$

式中 $\boldsymbol{R}_i$ ——［$\boldsymbol{u}_i \times \boldsymbol{V}$］上的模糊矩阵，称为评判矩阵，上式的每一行都满足归一化条件，即 $\sum_{k=1}^{5} r_{ijk} = 1$。对于每一因素，均需要通过一次模糊统计试验来确定其评判矩阵 $\boldsymbol{R}_i$ 。

6.4.7 模糊统计试验的模糊综合评判

采用二阶模糊综合评判时，需先求出一阶评判，再进行二阶评判。

（1）一阶模糊综合评判。一阶评判 $\boldsymbol{B}_i$ 为

$$\boldsymbol{B}_i = \boldsymbol{A}_i \cdot \boldsymbol{R}_i = (b_{i1}, b_{i2}, b_{i3}, b_{i4}, b_{i5}),$$

式中 b_{ik} —— $b_{ik} = \sum_{j=1}^{m_i} a_{ij} \cdot r_{ijk}$ ，表示因素 u_i 对于等级 v_i 的隶属度；

$\boldsymbol{B}_i$ —— $\boldsymbol{V}$ 上的模糊子集。

则一阶模糊综合评判 $\boldsymbol{C}_i$ 为

$$\boldsymbol{C}_i = \boldsymbol{B}_i \cdot \boldsymbol{V}^{\mathrm{T}}$$

对于每个因素，一阶模糊综合判断矩阵 $\boldsymbol{R}$ 为：

$$R = \begin{bmatrix} B_1 \\ B_2 \\ B_3 \\ B_4 \end{bmatrix} = \begin{bmatrix} b_{11} & b_{12} & b_{13} & b_{14} & b_{15} \\ b_{21} & b_{22} & b_{23} & b_{24} & b_{25} \\ b_{31} & b_{32} & b_{33} & b_{34} & b_{35} \\ b_{41} & b_{42} & b_{43} & b_{44} & b_{45} \end{bmatrix} \tag{6-17}$$

式中 $\boldsymbol{R}$——$[\boldsymbol{U} \times \boldsymbol{V}]$ 上的模糊矩阵。

（2）二阶模糊综合评判。二阶评判 $\boldsymbol{B}$ 为：

$$\boldsymbol{B} = \boldsymbol{A} \cdot \boldsymbol{R} = (b_1, b_2, b_3, b_4, b_5)$$

式中 b_k——$b_k = \sum_{i=1}^{5} a_i \cdot b_{ik}$，代表因素集 $\boldsymbol{U}$ 对等级 $\boldsymbol{V}_k$ 的隶属度；

$\boldsymbol{B}$——$\boldsymbol{V}$ 上的模糊子集，即系统性能模糊综合评判的结果向量。

6.4.8 综合评价结果

根据最大隶属度原则或变换 $\boldsymbol{C} = \boldsymbol{B} \cdot \boldsymbol{V}^{\mathrm{T}}$，然后根据 $\boldsymbol{C}$ 值分析评价结果。

6.4.9 算例评判

为了对太阳能压缩式热泵安全运行进行定量评价，本节以唐山市某公司太阳能热泵为研究对象，从安全管理、系统设计、防灾设备和应急设备等四方面进行分析。通过对相关专家和热泵工程设计人员的调查统计处理，确定本算例的权重系数及隶属度参数。分析如下：

$\boldsymbol{A}_1 = (0.10, 0.08, 0.45, 0.12, 0.15, 0.10)$

$\boldsymbol{A}_2 = (0.12, 0.14, 0.10, 0.01, 0.02, 0.11, 0.20, 0.10, 0.07, 0.05, 0.06, 0.02)$

$\boldsymbol{A}_3 = (0.10, 0.14, 0.07, 0.12, 0.30, 0.27)$

$\boldsymbol{A}_4 = (0.15, 0.20, 0.15, 0.25, 0.16, 0.09)$

$\boldsymbol{A} = (0.15, 0.55, 0.20, 0.10)$

$$\boldsymbol{R}_1 = \begin{bmatrix} 0.3 & 0.3 & 0.2 & 0.1 & 0.1 \\ 0.5 & 0.3 & 0.1 & 0.1 & 0.0 \\ 0.3 & 0.3 & 0.2 & 0.1 & 0.1 \\ 0.2 & 0.5 & 0.1 & 0.1 & 0.1 \\ 0.3 & 0.4 & 0.2 & 0.1 & 0.0 \\ 0.4 & 0.2 & 0.2 & 0.1 & 0.1 \end{bmatrix}$$

$$
\boldsymbol{R}_2 = \begin{bmatrix} 0.3 & 0.2 & 0.3 & 0.1 & 0.1 \\ 0.2 & 0.3 & 0.2 & 0.2 & 0.1 \\ 0.5 & 0.4 & 0.1 & 0.0 & 0.0 \\ 0.5 & 0.3 & 0.1 & 0.1 & 0.0 \\ 0.4 & 0.4 & 0.1 & 0.1 & 0.0 \\ 0.5 & 0.3 & 0.1 & 0.1 & 0.0 \\ 0.3 & 0.5 & 0.2 & 0.0 & 0.0 \\ 0.4 & 0.3 & 0.1 & 0.1 & 0.1 \\ 0.5 & 0.3 & 0.1 & 0.1 & 0.0 \\ 0.3 & 0.3 & 0.3 & 0.1 & 0.0 \\ 0.4 & 0.3 & 0.2 & 0.1 & 0.0 \\ 0.5 & 0.3 & 0.2 & 0.0 & 0.0 \end{bmatrix}
$$

$$
\boldsymbol{R}_3 = \begin{bmatrix} 0.5 & 0.2 & 0.3 & 0.0 & 0.0 \\ 0.4 & 0.3 & 0.2 & 0.1 & 0.0 \\ 0.4 & 0.3 & 0.2 & 0.1 & 0.0 \\ 0.5 & 0.3 & 0.2 & 0.0 & 0.0 \\ 0.5 & 0.3 & 0.2 & 0.0 & 0.0 \\ 0.3 & 0.3 & 0.2 & 0.1 & 0.1 \end{bmatrix} \quad \boldsymbol{R}_4 = \begin{bmatrix} 0.4 & 0.4 & 0.2 & 0.0 & 0.0 \\ 0.3 & 0.4 & 0.1 & 0.1 & 0.1 \\ 0.5 & 0.3 & 0.1 & 0.1 & 0.0 \\ 0.3 & 0.3 & 0.3 & 0.1 & 0.0 \\ 0.3 & 0.4 & 0.1 & 0.1 & 0.1 \\ 0.3 & 0.3 & 0.2 & 0.1 & 0.1 \end{bmatrix}
$$

一阶模糊综合判断为：

$\boldsymbol{B}_1 = \boldsymbol{A}_1 \cdot \boldsymbol{R}_1 = (0.3140,\ 0.3290,\ 0.1800,\ 0.1000,\ 0.0770)$

$\boldsymbol{B}_2 = \boldsymbol{A}_2 \cdot \boldsymbol{R}_2 = (0.3660,\ 0.3400,\ 0.1760,\ 0.0820,\ 0.0360)$

$\boldsymbol{B}_3 = \boldsymbol{A}_3 \cdot \boldsymbol{R}_3 = (0.4250,\ 0.2900,\ 0.2100,\ 0.0480,\ 0.0270)$

$\boldsymbol{B}_4 = \boldsymbol{A}_4 \cdot \boldsymbol{R}_4 = (0.3450,\ 0.3510,\ 0.1740,\ 0.0850,\ 0.0450)$

一阶模糊综合判断矩阵为：

$$
\boldsymbol{R} = \begin{bmatrix} \boldsymbol{B}_1 \\ \boldsymbol{B}_2 \\ \boldsymbol{B}_3 \\ \boldsymbol{B}_4 \end{bmatrix} = \begin{bmatrix} 0.3140 & 0.3290 & 0.1800 & 0.1000 & 0.0770 \\ 0.3660 & 0.3400 & 0.1760 & 0.0820 & 0.0360 \\ 0.4250 & 0.2900 & 0.2100 & 0.0480 & 0.0270 \\ 0.3450 & 0.3510 & 0.1740 & 0.0850 & 0.0450 \end{bmatrix}
$$

太阳能压缩式热泵安全运行的评判等级，见表6-6。则 $\boldsymbol{V} = (95,\ 80,\ 70,\ 60,\ 45)$，则一阶模糊综合评判 $\boldsymbol{C}_i = \boldsymbol{B}_i \cdot \boldsymbol{V}^{\mathrm{T}}$，见表6-7。

表6-6　太阳能压缩式热泵安全运行评判等级

安全等级	安全	较安全	一般	较危险	危险
分数	95	80	70	60	45

表 6-7 太阳能压缩式热泵安全运行一阶模糊综合评判结果

项目	权重	矩阵					分数
		安全	较安全	一般	较危险	危险	
安全管理	0.15	0.3140	0.3290	0.1800	0.1000	0.0770	78.2150
系统设计	0.55	0.3660	0.3400	0.1760	0.0820	0.0360	80.8300
防灾设备	0.20	0.4250	0.2900	0.2100	0.0480	0.0270	82.3700
应急设备	0.10	0.3450	0.3510	0.1740	0.0850	0.0450	80.1600

二阶综合模糊评判为：

$$\boldsymbol{B} = \boldsymbol{A} \cdot \boldsymbol{R} = (0.3679,\ 0.3295,\ 0.1832,\ 0.0782,\ 0.0413)$$

则模糊综合评价 $\boldsymbol{C}$ 为：

$$\boldsymbol{C} = \boldsymbol{B} \cdot \boldsymbol{V}^{\mathrm{T}} = 80.6788$$

即该太阳能压缩式热泵安全运行评价得分为 80.6788，安全等级属于较安全等级。

由表 6-7 可知，从系统设计、防灾设备和应急设备因素看，该太阳能压缩式热泵安全运行等级为较安全水平（分数大于 80）。但从安全管理来看，该太阳能压缩式热泵安全运行等级尚未达到较安全水平。因此，在加强热泵系统设计、防灾设备和应急设备因素水平的前提下，加大在安全管理方面的监督、管理，从而进一步提高预防安全事故的发生。

6.5 用能方案定量评价及方法

对于给定的用能面积，本章分别给出了几种用能方案，分别是：（1）冬季锅炉供暖+夏季分体式空调制冷：1）燃煤锅炉+分体式空调。2）燃油锅炉+分体式空调。3）燃气锅炉+分体式空调。（2）城市集中供热+分体式空调。（3）热泵型空调冬季供暖+夏季制冷。（4）集中式中央空调系统。（5）太阳能压缩式热泵系统：1）压缩式热泵+ A 公司平板集热器；2）压缩式热泵+ B 公司平板集热器。

传统小容量锅炉供暖形式包括现在的集中供热形式普遍存在热效率低、污染严重等问题，只是集中供热形式的弊端往往被人们忽视。未来用能形式究竟采用哪种方案比较科学、合理，这也是广大能源工作者一直在研究探讨的问题。表 6-8 给出了几种用能方案定量评价指标及处理结果。

表 6-8　几种用能方案定量评价指标及处理结果

第 1 级		第 2 级						
因素	权重	子因素	权重	隶属度				
				很好	较好	中等	较差	很差
锅炉+分体式空调	0. 15	系统设计	0. 20	0. 1	0. 3	0. 3	0. 2	0. 1
		安全管理	0. 10	0. 3	0. 3	0. 3	0. 1	0. 0
		防灾设备	0. 08	0. 2	0. 4	0. 2	0. 1	0. 1
		应急设备	0. 08	0. 3	0. 3	0. 2	0. 1	0. 1
		环保指数	0. 15	0. 1	0. 2	0. 5	0. 2	0. 0
		安全指数	0. 20	0. 2	0. 2	0. 4	0. 1	0. 1
		安装地点要求	0. 05	0. 1	0. 3	0. 2	0. 2	0. 2
		自动化水平	0. 14	0. 1	0. 2	0. 2	0. 4	0. 1
集中供热+分体式空调	0. 20	系统设计	0. 20	0. 2	0. 3	0. 4	0. 1	0. 0
		安全管理	0. 10	0. 3	0. 3	0. 3	0. 1	0. 0
		防灾设备	0. 08	0. 2	0. 5	0. 2	0. 1	0. 0
		应急设备	0. 08	0. 3	0. 4	0. 2	0. 1	0. 0
		环保指数	0. 15	0. 3	0. 3	0. 2	0. 2	0. 0
		安全指数	0. 20	0. 3	0. 3	0. 3	0. 1	0. 0
		安装地点要求	0. 02	0. 1	0. 5	0. 4	0. 0	0. 0
		自动化水平	0. 17	0. 3	0. 3	0. 3	0. 1	0. 0
热泵型分体式空调	0. 15	系统设计	0. 22	0. 3	0. 2	0. 4	0. 1	0. 0
		安全管理	0. 08	0. 3	0. 4	0. 2	0. 1	0. 0
		防灾设备	0. 08	0. 2	0. 4	0. 3	0. 1	0. 0
		应急设备	0. 08	0. 3	0. 3	0. 3	0. 1	0. 0
		环保指数	0. 16	0. 3	0. 3	0. 2	0. 2	0. 0
		安全指数	0. 19	0. 3	0. 3	0. 3	0. 1	0. 0
		安装地点要求	0. 02	0. 1	0. 3	0. 6	0. 0	0. 0
		自动化水平	0. 17	0. 3	0. 4	0. 3	0. 0	0. 0
中央空调	0. 20	系统设计	0. 25	0. 3	0. 3	0. 3	0. 1	0. 0
		安全管理	0. 05	0. 3	0. 4	0. 2	0. 1	0. 0
		防灾设备	0. 05	0. 3	0. 3	0. 3	0. 1	0. 0
		应急设备	0. 08	0. 3	0. 3	0. 3	0. 1	0. 0
		环保指数	0. 20	0. 3	0. 3	0. 3	0. 1	0. 0
		安全指数	0. 15	0. 3	0. 4	0. 2	0. 1	0. 0

续表 6-8

第 1 级		第 2 级						
因素	权重	子因素	权重	隶属度				
				很好	较好	中等	较差	很差
中央空调	0.20	安装地点要求	0.02	0.1	0.5	0.3	0.1	0.0
		自动化水平	0.20	0.3	0.4	0.3	0.0	0.0
太阳能压缩式热泵	0.30	系统设计	0.25	0.3	0.4	0.2	0.1	0.0
		安全管理	0.05	0.3	0.4	0.2	0.1	0.0
		防灾设备	0.08	0.3	0.3	0.3	0.1	0.0
		应急设备	0.08	0.3	0.3	0.3	0.1	0.0
		环保指数	0.25	0.4	0.4	0.2	0.0	0.0
		安全指数	0.10	0.3	0.3	0.3	0.1	0.0
		安装地点要求	0.02	0.1	0.4	0.4	0.1	0.0
		自动化水平	0.17	0.3	0.4	0.3	0.0	0.0

6.5.1 模糊综合评判方法

模糊综合评判方法是运用模糊数学原理分析和评价具有“模糊性”的事物的系统分析方法。几种用能方案性能好与坏是一个相对概念，也是一个模糊概念，在好与坏之间并无明确的界限，因此可以采用模糊综合评判方法对其评价。当影响事物因素较多又有很强的不确定性和模糊性时，采用模糊综合评判方法进行量化分析具有明显的优越性。隶属函数是模糊综合评判方法的关键之一，是一种对不能精确定量表述的事物现象、规律及进程的模糊陈述的表达式，由此确定的隶属度是对模糊概念贴近程度的度量。本节综合考虑影响几种用能方案性能好与坏的几个影响因素，依据隶属函数构造方法及原则，取定所需要的隶属函数。

6.5.2 因素集和等级集的确定

本节模糊综合评判的因素集为锅炉+分体式空调、集中供热+分体式空调、热泵型分体式空调、中央空调和太阳能压缩式热泵，记为 $\boldsymbol{U}=\{u_1, u_2, u_3, u_4, u_5\}$。

每一因素下的子因素表示为 $\boldsymbol{u}_i=\{u_{i1}, u_{i2}, \cdots, u_{ij}, \cdots, u_{im_i}\}(i=1, 2, 3, 4, 5)$。式中，$u_{ij}$ 为第 i 因素中 j 子因素；m_i 为 i 因素中子因素数量。

根据实际情况并参考国内外相关标准，本节评判等级分为很好、较好、中等、较差、很差 5 个级别，向量表示为：$\boldsymbol{V}=\{v_1, v_2, v_3, v_4, v_5\}$。

6.5.3　因素、子因素权重系数的确定

当研究的是二阶模糊综合评判时，权重系数包括因素权重系数和子因素权重系数。

因素权重系数是反映各因素间的内在关系，体现了各因素在因素集中的重要程度。因素权重系数的确定，一般有 3 种方法，即德尔菲法（也称专家评议法）、专家调查法和判断矩阵分析法。本节选取专家调查法来确定因素的权重系数。因权重系数的模糊性特点，其确定必须在大量统计数据的基础之上完成。因此，需要聘请足够数量的相关领域专家相互独立的完成调查数据。因素权重集记为 $\boldsymbol{A} = \{a_1, a_2, a_3, a_4, a_5\}$，式中，$\boldsymbol{A}$ 为 $\boldsymbol{U}$ 上的模糊子集。同理，子因素权重集记为 $\boldsymbol{A}_i = \{a_{i1}, a_{i2}, \cdots, a_{im_i}\}(i = 1, 2, 3, 4, 5)$，式中，$\boldsymbol{A}_i$ 为 u_i 上的模糊子集。

6.5.4　模糊统计试验

r_{ij} 表示子因素 u_{ij} 对于等级 V_k 的隶属度。隶属度的确定方法很多，如模糊统计法、三分法、模糊分布法和其他方法。本节选用模糊统计法来确定隶属度 r_{ij}，即根据被调查专家针对子因素 u_{ij} 在等级 V_k 上的投票人数与被调查专家的总人数之比。对于每一子因素 $\boldsymbol{u}_i$，统计结果可表示为：

$$\boldsymbol{R}_i = \begin{bmatrix} \boldsymbol{R}_{i1} \\ \boldsymbol{R}_{i2} \\ \vdots \\ \boldsymbol{R}_{im_i} \end{bmatrix} = \begin{bmatrix} r_{i11} & r_{i12} & r_{i13} & r_{i14} & r_{i15} \\ r_{i21} & r_{i22} & r_{i23} & r_{i24} & r_{i25} \\ \vdots & \vdots & \vdots & \vdots & \vdots \\ r_{im_i1} & r_{im_i2} & r_{im_i3} & r_{im_i4} & r_{im_i5} \end{bmatrix} \tag{6-18}$$

式中　$\boldsymbol{R}_i$ ——$[\boldsymbol{u}_i \times \boldsymbol{V}]$ 上的模糊矩阵，称为评判矩阵，上式的每一行都满足归一化条件，即 $\sum_{k=1}^{5} r_{ijk} = 1$。对于每一因素，均需要通过一次模糊统计试验来确定其评判矩阵 $\boldsymbol{R}_i$。

6.5.5　模糊统计试验的模糊综合评判

采用二阶模糊综合评判时，需先求出一阶评判，再进行二阶评判。

（1）一阶模糊综合评判。一阶评判 $\boldsymbol{B}_i$ 为 $\boldsymbol{B}_i = \boldsymbol{A}_i \cdot \boldsymbol{R}_i = (b_{i1}, b_{i2}, b_{i3}, b_{i4}, b_{i5})$。式中，$b_{ik} = \sum_{j=1}^{m_i} a_{ij} \cdot r_{ijk}$，表示因素 u_i 对于等级 v_i 的隶属度；$\boldsymbol{B}_i$ 为 $\boldsymbol{V}$ 上的模糊子集。

则一阶模糊综合评判 $\boldsymbol{C}_i$ 为 $\boldsymbol{C}_i = \boldsymbol{B}_i \cdot \boldsymbol{V}^{\mathrm{T}}$。

对于每个因素，一阶模糊综合判断矩阵 $\boldsymbol{R}$ 为：

$$R=\begin{bmatrix}B_1\\B_2\\B_3\\B_4\\B_5\end{bmatrix}=\begin{bmatrix}b_{11}&b_{12}&b_{13}&b_{14}&b_{15}\\b_{21}&b_{22}&b_{23}&b_{24}&b_{25}\\b_{31}&b_{32}&b_{33}&b_{34}&b_{35}\\b_{41}&b_{42}&b_{43}&b_{44}&b_{45}\\b_{51}&b_{52}&b_{53}&b_{54}&b_{55}\end{bmatrix} \tag{6-19}$$

式中 $\boldsymbol{R}$ —— $[\boldsymbol{U}\times\boldsymbol{V}]$ 上的模糊矩阵。

（2）二阶模糊综合评判。二阶评判 $\boldsymbol{B}$ 为 $\boldsymbol{B}=\boldsymbol{A}\cdot\boldsymbol{R}=(b_1,\ b_2,\ b_3,\ b_4,\ b_5)$。式中，$b_k=\sum_{i=1}^{5}a_i\cdot b_{ik}$，代表因素集 $\boldsymbol{U}$ 对等级 $\boldsymbol{V}_k$ 的隶属度；$\boldsymbol{B}$ 为 $\boldsymbol{V}$ 上的模糊子集，即系统性能模糊综合评判的结果向量。

6.5.6 综合评价结果

根据最大隶属度原则或变换 $\boldsymbol{C}=\boldsymbol{B}\cdot\boldsymbol{V}^{\mathrm{T}}$，然后根据 $\boldsymbol{C}$ 值分析评价结果。

6.5.7 算例评判

为了对包括太阳能压缩式热泵在内的几种用能方案进行定量评价，本文以锅炉+分体式空调、集中供热+分体式空调、热泵型分体式空调、中央空调和太阳能压缩式热泵为模糊综合评判的因素集，从系统设计、安全管理、防灾设备、应急设备、环保指数、安全指数、安装地点要求和自动化水平等八方面进行分析。通过对相关专家和热泵工程设计人员的调查统计处理，确定本算例的权重系数及隶属度参数。分析如下：

$\boldsymbol{A}_1=(0.20,\ 0.10,\ 0.08,\ 0.08,\ 0.15,\ 0.20,\ 0.05,\ 0.14)$

$\boldsymbol{A}_2=(0.20,\ 0.10,\ 0.08,\ 0.08,\ 0.15,\ 0.20,\ 0.02,\ 0.17)$

$\boldsymbol{A}_3=(0.22,\ 0.08,\ 0.08,\ 0.08,\ 0.16,\ 0.19,\ 0.02,\ 0.17)$

$\boldsymbol{A}_4=(0.25,\ 0.05,\ 0.05,\ 0.08,\ 0.20,\ 0.15,\ 0.02,\ 0.20)$

$\boldsymbol{A}_5=(0.25,\ 0.05,\ 0.08,\ 0.08,\ 0.25,\ 0.10,\ 0.02,\ 0.17)$

$\boldsymbol{A}\ =(0.15,\ 0.20,\ 0.15,\ 0.20,\ 0.30)$

$$\boldsymbol{R}_1=\begin{bmatrix}0.1&0.3&0.3&0.2&0.1\\0.3&0.3&0.3&0.1&0.0\\0.2&0.4&0.2&0.1&0.1\\0.3&0.3&0.2&0.1&0.1\\0.1&0.2&0.5&0.2&0.0\\0.2&0.2&0.4&0.1&0.1\\0.1&0.3&0.2&0.2&0.2\\0.1&0.2&0.2&0.4&0.1\end{bmatrix}\qquad \boldsymbol{R}_2=\begin{bmatrix}0.2&0.3&0.4&0.1&0.0\\0.3&0.3&0.3&0.1&0.0\\0.2&0.5&0.2&0.1&0.0\\0.3&0.4&0.2&0.1&0.0\\0.3&0.3&0.2&0.2&0.0\\0.3&0.3&0.3&0.1&0.0\\0.1&0.5&0.4&0.0&0.0\\0.3&0.3&0.3&0.1&0.0\end{bmatrix}$$

$$R_3 = \begin{bmatrix} 0.3 & 0.2 & 0.4 & 0.1 & 0.0 \\ 0.3 & 0.4 & 0.2 & 0.1 & 0.0 \\ 0.2 & 0.4 & 0.3 & 0.1 & 0.0 \\ 0.3 & 0.3 & 0.3 & 0.1 & 0.0 \\ 0.3 & 0.3 & 0.2 & 0.2 & 0.0 \\ 0.3 & 0.3 & 0.3 & 0.1 & 0.0 \\ 0.1 & 0.3 & 0.6 & 0.0 & 0.0 \\ 0.3 & 0.4 & 0.3 & 0.0 & 0.0 \end{bmatrix} \quad R_4 = \begin{bmatrix} 0.3 & 0.3 & 0.3 & 0.1 & 0.0 \\ 0.3 & 0.4 & 0.2 & 0.1 & 0.0 \\ 0.3 & 0.3 & 0.3 & 0.1 & 0.0 \\ 0.3 & 0.3 & 0.3 & 0.1 & 0.0 \\ 0.3 & 0.3 & 0.3 & 0.1 & 0.0 \\ 0.3 & 0.4 & 0.2 & 0.1 & 0.0 \\ 0.1 & 0.5 & 0.3 & 0.1 & 0.0 \\ 0.3 & 0.4 & 0.3 & 0.0 & 0.0 \end{bmatrix}$$

$$R_5 = \begin{bmatrix} 0.3 & 0.4 & 0.2 & 0.1 & 0.0 \\ 0.3 & 0.4 & 0.2 & 0.1 & 0.0 \\ 0.3 & 0.3 & 0.3 & 0.1 & 0.0 \\ 0.3 & 0.3 & 0.3 & 0.1 & 0.0 \\ 0.4 & 0.4 & 0.2 & 0.0 & 0.0 \\ 0.3 & 0.3 & 0.3 & 0.1 & 0.0 \\ 0.1 & 0.4 & 0.4 & 0.1 & 0.0 \\ 0.3 & 0.4 & 0.3 & 0.0 & 0.0 \end{bmatrix}$$

一阶模糊综合判断为：

$$B_1 = A_1 \cdot R_1 = (0.1640,\ 0.2590,\ 0.3150,\ 0.1820,\ 0.0800)$$
$$B_2 = A_2 \cdot R_2 = (0.2680,\ 0.3280,\ 0.2910,\ 0.1130,\ 0.0000)$$
$$B_3 = A_3 \cdot R_3 = (0.2880,\ 0.3110,\ 0.3040,\ 0.0970,\ 0.0000)$$
$$B_4 = A_4 \cdot R_4 = (0.2960,\ 0.3440,\ 0.2800,\ 0.0800,\ 0.0000)$$
$$B_5 = A_5 \cdot R_5 = (0.3210,\ 0.3740,\ 0.2470,\ 0.0580,\ 0.0000)$$

一阶模糊综合判断矩阵为：

$$R = \begin{bmatrix} B_1 \\ B_2 \\ B_3 \\ B_4 \\ B_5 \end{bmatrix} = \begin{bmatrix} 0.1640 & 0.2590 & 0.3150 & 0.1820 & 0.0800 \\ 0.2680 & 0.3280 & 0.2910 & 0.1130 & 0.0000 \\ 0.2880 & 0.3110 & 0.3040 & 0.0970 & 0.0000 \\ 0.2960 & 0.3440 & 0.2800 & 0.0800 & 0.0000 \\ 0.3210 & 0.3740 & 0.2470 & 0.0580 & 0.0000 \end{bmatrix}$$

几种用能方案定量评价评判等级，见表 6-9。则 $V = (95,\ 80,\ 70,\ 60,\ 45)$，则一阶模糊综合评判 $C_i = B_i \cdot V^T$，见表 6-10。

表 6-9　太阳能压缩式热泵安全运行评判等级

安全等级	很好	较好	中等	较差	很差
分数	95	80	70	60	45

表 6-10　太阳能压缩式热泵安全运行一阶模糊综合评判结果

项　目	权重	矩　阵					分数
		很好	较好	中等	较差	很差	
锅炉+分体式空调	0.15	0.1640	0.2590	0.3150	0.1820	0.0800	72.8700
集中供热+分体式空调	0.20	0.2680	0.3280	0.2910	0.1130	0.0000	78.8500
热泵型分体式空调	0.15	0.2880	0.3110	0.3040	0.0970	0.0000	79.3400
中央空调	0.20	0.2960	0.3440	0.2800	0.0800	0.0000	80.0400
太阳能压缩式热泵	0.30	0.3210	0.3740	0.2470	0.0580	0.0000	81.1850

二阶综合模糊评判为：$\boldsymbol{B} = \boldsymbol{A} \cdot \boldsymbol{R} = (0.2769, 0.3321, 0.2812, 0.0979, 0.0120)$，则模糊综合评价 $\boldsymbol{C}$ 为：$\boldsymbol{C} = \boldsymbol{B} \cdot \boldsymbol{V}^{\mathrm{T}} = 78.9650$，即该太阳能压缩式热泵安全运行评价得分为 78.9650，评价等级属于较好等级。

由表 6-10 可知，在给定的几种用能方案中，锅炉+分体式空调、集中供热+分体式空调和热泵型分体式空调三种方案评价结果属于中等水平。其中，热泵型分体式空调方案接近于较好水平，评价结果优于锅炉+分体式空调和集中供热+分体式空调方案。中央空调方案和太阳能压缩式热泵方案评价结果均属于较好水平。分析表明，给定几种用能方案中，太阳能压缩式热泵评价结果最好，而锅炉供热方案评价结果最差。综合考虑各项因素，锅炉供暖方案不仅供热效率低，并且污染也比较大，尽管集中供热可以做到污染物大幅度减排控制，但对于小颗粒污染物排放控制仍具有很大局限性。

由于高效环保，并且可从根本上对小颗粒污染物减排控制，热泵的使用越来越普及。热泵在回收小温差下的余热具有较高的效率，加上太阳能属于清洁可再生的能源，因而，太阳能压缩式热泵具有很好的应用前景。但是，太阳能压缩式热泵初投资一般都比较高。另外，太阳能集热器对环境气候比较敏感，如阴雨天气、雾霭，晚上也不能使用。粉尘污染严重区域，太阳能集热器效果也比较差，同时也加重了维修任务和费用。综合比较各种用能方案，在光照强度丰富区域和冷热负荷要求不是很大工况下，太阳能压缩式热泵系统的优越性比较显著。

6.6　小结

利用模糊综合评判方法并结合具体算例，对太阳能压缩式热泵进行了研究。分别给出了一阶模糊评判、二阶模糊评判和评判等级标准，评判阶数、评判等级、权重系数和评判矩阵应依实际情况灵活调整；根据模糊综合评判结果，确定太阳能压缩式热泵评价因素中的不足，为太阳能压缩式热泵性能优化及安全管理提供依据；太阳能压缩式热泵经济投入和相应设备使用寿命是用户十分关心的问题，这也是决定太阳能热泵产品将来能否大范围推广的主要原因。

参 考 文 献

[1] 赵德齐．模糊数学［M］．北京：中国民族大学出版社，1995.

[2] 杨纶标，高英仪，凌卫新．模糊数学原理及应用［M］．广州：华南理工大学出版社，2011.

[3] 谢季坚，刘承平．模糊数学方法及其应用［M］．武汉：华中科技大学出版社，2013.

[4] 石红柳．夏热冬冷地区典型城市的不同采暖方式的综合评价［D］．西安：西安建筑科技大学，2014.

[5] 张晓平．模糊综合评判理论与应用研究进展［J］．山东建筑学院学报，2003，18（4）：90~94.

[6] 唐志华．湖南省浅层地热能建筑应用及地源热泵模糊综合评判研究［D］．长沙：湖南大学，2011.

[7] Wei Bing，Wang Songling，Li Li. Fuzzy comprehensive evaluation of district heating systems［J］. Energy Policy，2010，38（10）：5947~5955.

[8] 裴侠风．地源热泵方案与常规中央空调方案的模糊评判研究［D］．武汉：华中科技大学，2005.

[9] 薛山．MATLAB 基础教程［M］．北京：清华大学出版社，2015.

[10] 中华人民共和国住房和城乡建设部．GB/T 23889—2009，家用空气源热泵辅助型太阳能热水系统技术条件［S］．北京：中国标准出版社，2010.

[11] 王占伟，王智伟，石红柳，等．夏热冬冷地区典型城市的不同供暖方式综合评价［J］．建筑科学，2014，30（12）：8~14.

[12] 狄建华．模糊数学理论在建筑安全综合评价中的应用［J］．华南理工大学学报，2002，30（7）：87~90.

[13] 王楠，曹剑峰，赵继昌，等．长春市区浅层地温能开发利用方式适宜性分区评价［J］．吉林大学学报，2012，42（4）：1139~1144.

[14] 宗学军，周楠，何勘，等．集中式空调系统中冷水机组 IPLV 的研究［J］．西安建筑科技大学学报，2012，44（6）：883~887.

[15] 杨开明，杨小林．空调系统性能的模糊综合评判［J］．四川工业学院学报，2004，23（1）：41~43.

[16] 路诗奎，于卫东．空调冷源设备的 Fuzzy 多级综合评判［J］．郑州工业大学学报，1999，20（3）：57~59.

[17] 张吉礼，孙德兴．舒适性空调系统模糊控制的研究［J］．制冷学报，1996（3）：37~44.

[18] Perrone G，Noto La Diega S. Fuzzy methods for analysing fuzzy production environment.［J］. Robotics and Computer-Integrated Manufacturing，1998，14（5~6）：465~474.

[19] 刘劲松，刘福田，刘俊，等．天然地震走时反演矩阵顺序三角化算法的优化和并行化［J］．地球物理学进展，2005，20（4）：911~915.

[20] 中华人民共和国住房和城乡建设部．GB 50365—2005，空调通风系统运行管理规范［S］．北京：中国标准出版社，2005.

7 用能方案经济性对比

基于前面章节分析，本章对给定的几种用能方案从设备投资分配和回收情况进行了详细分析，结果见表 7-1 和表 7-2。表 7-3、表 7-4 和表 7-5 分别给出了燃煤锅炉、燃气锅炉和燃油锅炉报价。

7.1 投资分配对比

几种用能方案投资分配见表 7-1。

表 7-1 几种用能方案投资分配

冷负荷/kW	672			热负荷/kW	414			
明细	锅 炉			空 调			太阳能热泵	
系统形式	燃煤锅炉+分体式空调	燃油锅炉+分体式空调	燃气锅炉+分体式空调	集中供热+分体式空调	热泵型分体式空调	中央空调	压缩式热泵+A 公司集热器	压缩式热泵+B 公司集热器
能源种类	煤	柴油	天然气	电	空气+电	空气+电	太阳能+电	太阳能+电
环保指数	污染不节能	污染不节能	污染不节能	环保不节能	环保不节能	环保节能	高效环保节能	高效环保节能
安全指数	较危险	危险	危险	安全	相对安全	相对安全	安全	安全
安装地点	安装受限制	安装受限制	安装受限制	安装不受限制	安装不受限制	安装不受限制	安装较受限制	安装较受限制
年运行费用/元	2556736	3411176	2566976	636244	956993	840680	980606	1011952
设备初投资/元	1186816	1194816	1254816	690816	690816	573600	11188360	8850560
设备寿命/年	10	10	10	12	12	15	15	15
年维护费用/元	133622	133622	133622	103622	103622	60000	180000	180000
使用效果	冬、夏季温度调节麻烦	冬、夏季温度调节麻烦	冬、夏季温度调节麻烦	夏季温度调节较麻烦	冬、夏季温度调节较麻烦	智能控温，调节灵活	智能控温，调节灵活	智能控温，调节灵活
优点	操作水平要求低	操作水平要求低	操作水平要求低	操作水平要求低，运行费用低	无污染，运行费用较高	无污染，运行费用低	无污染，效率高	无污染，效率高
不足	污染严重，运行费用高	污染严重，运行费用高	污染严重，运行费用高	效率较低，初投资较大	效率较低，初投资较大	小面积效果不显著	初投资大，受环境影响大	初投资大，受环境影响大

7.2　投资回收对比

表 7-2　几种用能方案投资回收情况　（元）

系统形式	燃煤锅炉+分体式空调	燃油锅炉+分体式空调	燃气锅炉+分体式空调	集中供热+分体式空调	热泵型分体式空调	中央空调	压缩式热泵+A 公司集热器	压缩式热泵+B 公司集热器
设备初投资	1186816	1194816	1254816	690816	690816	573600	11188360	8850560
1 年运行费用	2556736	3411176	2566976	636244	956993	840680	980606	1011952
1 年维护费用	133622	133622	133622	103622	103622	60000	180000	180000
2 年运行费用	5113472	6822352	5133952	1272488	1913986	1681360	1961212	2023904
2 年维护费用	267244	267244	267244	207244	207244	120000	360000	360000
3 年运行费用	7670208	10233528	7700928	1908732	2870979	2522040	2941818	3035856
3 年维护费用	400866	400866	400866	310866	310866	180000	540000	540000
4 年运行费用	10226944	13644704	10267904	2544976	3827972	3362720	3922424	4047808
4 年维护费用	534488	534488	534488	414488	414488	240000	720000	720000
5 年运行费用	12783680	17055880	12834880	3181220	4784965	4203400	4903030	5059760
5 年维护费用	668110	668110	668110	518110	518110	300000	900000	900000
6 年运行费用	15340416	20467056	15401856	3817464	5741958	5044080	5883636	6071712
6 年维护费用	801732	801732	801732	621732	621732	360000	1080000	1080000
7 年运行费用	17897152	23878232	17968832	4453708	6698951	5884760	6864242	7083664
7 年维护费用	935354	935354	935354	725354	725354	420000	1260000	1260000
8 年运行费用	20453888	27289408	20535808	5089952	7655944	6725440	7844848	8095616
8 年维护费用	1068976	1068976	1068976	828976	828976	480000	1440000	1440000
9 年运行费用	23010624	30700584	23102784	5726196	8612937	7566120	8825454	9107568
9 年维护费用	1202598	1202598	1202598	932598	932598	540000	1620000	1620000
10 年运行费用	25567360	34111760	25669760	6362440	9569930	8406800	9806060	10119520
10 年维护费用	1336220	1336220	1336220	1036220	1036220	600000	1800000	1800000
1 年总费用	3877174	4739614	3955414	1430682	1751431	1474280	12348966	10042512
2 年总费用	6567532	8284412	6656012	2170548	2812046	2374960	13509572	11234464
3 年总费用	9257890	11829210	9356610	2910414	3872661	3275640	14670178	12426416

续表 7-2

系统形式	燃煤锅炉+分体式空调	燃油锅炉+分体式空调	燃气锅炉+分体式空调	集中供热+分体式空调	热泵型分体式空调	中央空调	压缩式热泵+A 公司集热器	压缩式热泵+B 公司集热器
4 年总费用	11948248	15374008	12057208	3650280	4933276	4176320	15830784	13618368
5 年总费用	14638606	18918806	14757806	4390146	5993891	5077000	16991390	14810320
6 年总费用	17328964	22463604	17458404	5130012	7054506	5977680	18151996	16002272
7 年总费用	20019322	26008402	20159002	5869878	8115121	6878360	19312602	17194224
8 年总费用	22709680	29553200	22859600	6609744	9175736	7779040	20473208	18386176
9 年总费用	25400038	33097998	25560198	7349610	10236351	8679720	21633814	19578128
10 年总费用	28090396	36642796	28260796	8089476	11296966	9580400	22794420	20770080
10~15 年设备初投资	1780224	1792224	1882224	828979. 2	828979. 2	573600	11188360	8850560
11 年运行费用	28124096	37522936	28236736	6998684	10526923	9247480	10786666	11131472
11 年维护费用	1469842	1469842	1469842	1139842	1139842	660000	1980000	1980000
12 年运行费用	30680832	40934112	30803712	7634928	11483916	10088160	11767272	12143424
12 年维护费用	1603464	1603464	1603464	1243464	1243464	720000	2160000	2160000
13 年运行费用	33237568	44345288	33370688	8271172	12440909	10928840	12747878	13155376
13 年维护费用	1737086	1737086	1737086	1347086	1347086	780000	2340000	2340000
14 年运行费用	35794304	47756464	35937664	8907416	13397902	11769520	13728484	14167328
14 年维护费用	1870708	1870708	1870708	1450708	1450708	840000	2520000	2520000
15 年运行费用	38351040	51167640	38504640	9543660	14354895	12610200	14709090	15179280
15 年维护费用	2004330	2004330	2004330	1554330	1554330	900000	2700000	2700000
11 年总费用	31374162	40785002	31588802	8967505. 2	12495744	10481080	23955026	21962032
12 年总费用	34064520	44329800	34289400	9707371. 2	13556359	11381760	25115632	23153984
13 年总费用	36754878	47874598	36989998	10447237	14616974	12282440	26276238	24345936
14 年总费用	39445236	51419396	39690596	11187103	15677589	13183120	27436844	25537888
15 年总费用	42135594	54964194	42391194	11926969	16738204	14083800	28597450	26729840

注：相同方案年运行费用和年维护费用分别相同，表中数据为累加值；不同方案前 10 年设备投资为表中第二行数据所示，10~15 年设备投资估算时，考虑到设备折旧或完全报废情况，如锅炉需对耐压易腐部件锅筒、水冷壁和集箱等进行更换，锅炉辅机不必完全更换，太阳能集热器需更新替代。

表 7-3　燃煤锅炉报价　　（单位：万元）

<table>
<tr><th>序号</th><th>名　称</th><th>规 格 型 号</th><th>数量</th><th>单价</th><th>金额</th><th>备注</th></tr>
<tr><td>1</td><td>锅炉主体</td><td>DZL2. 8-1. 0/95/70-AⅡ</td><td>1 台</td><td></td><td>15. 5</td><td></td></tr>
<tr><td>2</td><td>鼓风机</td><td>No6. 4A</td><td>1 台</td><td></td><td rowspan="10">9. 3</td><td></td></tr>
<tr><td>3</td><td>引风机</td><td>No7. 1C</td><td>1 台</td><td></td><td></td></tr>
<tr><td>4</td><td>上煤机</td><td>QGS-4</td><td>1 台</td><td></td><td></td></tr>
<tr><td>5</td><td>除渣机</td><td>GBC-4B</td><td>1 台</td><td></td><td></td></tr>
<tr><td>6</td><td>除尘器</td><td>STC4-Ⅱ</td><td>1 台</td><td></td><td></td></tr>
<tr><td>7</td><td>循环水泵</td><td>IS100-80-200</td><td>1 台</td><td></td><td></td></tr>
<tr><td>8</td><td>软化水设备</td><td>全自动</td><td>1 台</td><td></td><td></td></tr>
<tr><td>9</td><td>电控柜</td><td>RB-SM-4</td><td>1 台</td><td></td><td></td></tr>
<tr><td>10</td><td>减速机</td><td>MWL-60</td><td>1 台</td><td></td><td></td></tr>
<tr><td>11</td><td>仪表阀门</td><td>配套</td><td>1 套</td><td></td><td></td></tr>
<tr><td>合计</td><td colspan="6">（人民币大写）贰拾肆万捌仟元整　　¥：248000 元（RMB）</td></tr>
</table>

表 7-4　燃气锅炉报价　　（单位：万元）

<table>
<tr><th>序号</th><th>名　称</th><th>规 格 型 号</th><th>数量</th><th>单价</th><th>金额</th><th>备注</th></tr>
<tr><td>1</td><td>锅炉主体</td><td>WNS2. 8-1. 0/95/70-Q</td><td>1 台</td><td></td><td>11. 2</td><td></td></tr>
<tr><td>2</td><td>燃烧器</td><td>利雅路 RIELLO</td><td>1 台</td><td></td><td>11. 5</td><td></td></tr>
<tr><td>3</td><td>辅机</td><td>（包括仪表阀门，循环水泵 1 台）</td><td>1 套</td><td></td><td>5. 5</td><td></td></tr>
<tr><td>合计</td><td colspan="6">（人民币大写）贰拾捌万贰仟元整　　¥：282000 元（RMB）</td></tr>
</table>

表 7-5　燃油锅炉报价　　（单位：万元）

<table>
<tr><th>序号</th><th>名　称</th><th>规 格 型 号</th><th>数量</th><th>单价</th><th>金额</th><th>备注</th></tr>
<tr><td>1</td><td>锅炉主体</td><td>WNS2. 8-1. 0/95/70-Y</td><td>1 台</td><td></td><td>11. 2</td><td></td></tr>
<tr><td>2</td><td>燃烧器</td><td>利雅路 RIELLO</td><td>1 台</td><td></td><td>8. 5</td><td></td></tr>
<tr><td>3</td><td>辅机</td><td>（包括仪表阀门，循环水泵 1 台）</td><td>1 套</td><td></td><td>5. 5</td><td></td></tr>
<tr><td>合计</td><td colspan="6">（人民币大写）贰拾伍万贰仟元整　　¥：252000 元（RMB）</td></tr>
</table>

7. 3　小结

对于给定的几种用能方案，本章分别从设备初投资、年运行费用、年维护费用和设备寿命等几方面进行了详细的对比分析，为相关用能方案的选取提供了依据。